四川省工程建设地方标准

四川省农村居住建筑抗震技术规程

DBJ 51/016 – 2013

Seismic technical specification for rural residential
building in sichuan province

主编单位： 四 川 省 建 筑 科 学 研 究 院
批准部门： 四 川 省 住 房 和 城 乡 建 设 厅
施行日期： 2 0 1 3 年 1 2 月 1 日

西 南 交 通 大 学 出 版 社

2013 成 都

图书在版编目（ＣＩＰ）数据

四川省农村居住建筑抗震技术规程 / 四川省建筑科学研究院编著. —成都：西南交通大学出版社，2013.11（2016.11 重印）

ISBN 978-7-5643-2748-4

Ⅰ. ①四… Ⅱ. ①四… Ⅲ. ①农村住宅 – 防震设计 – 规程 – 四川省 Ⅳ. ①TU241.4-65

中国版本图书馆 CIP 数据核字（2013）第 260554 号

四川省农村居住建筑抗震技术规程

主编单位　四川省建筑科学研究院

责 任 编 辑	张　波
助 理 编 辑	姜锡伟
封 面 设 计	原谋书装
出 版 发 行	西南交通大学出版社 （四川省成都市二环路北一段 111 号 西南交通大学创新大厦 21 楼）
发 行 部 电 话	028-87600564　028-87600533
邮 政 编 码	610031
网　　　址	http://press.swjtu.edu.cn
印　　　刷	成都蓉军广告印务有限责任公司
成 品 尺 寸	140 mm × 203 mm
印　　　张	4.5
字　　　数	115 千字
版　　　次	2013 年 11 月第 1 版
印　　　次	2016 年 11 月第 2 次
书　　　号	ISBN 978-7-5643-2748-4
定　　　价	39.00 元

关于发布四川省工程建设地方标准
《四川省农村居住建筑抗震技术规程》的通知

川建标发〔2013〕545号

各市州及扩权试点县住房城乡建设行政主管部门，各有关单位：

由四川省建筑科学研究院会同相关单位编制的《四川省农村居住建筑抗震技术规程》，经我厅组织专家审查通过，并报住房和城乡建设部审定备案，现批准为四川省强制性工程建设地方标准，编号为 DBJ 51/016 – 2013，备案号为 J12461 – 2013，自 2013 年 12 月 1 日起在全省实施。其中，第 1.0.4 条、第 1.0.5 条为强制性条文，必须严格执行。

该标准由四川省住房和城乡建设厅负责管理，四川省建筑科学研究院负责技术内容解释。

四川省住房和城乡建设厅

2013 年 10 月 28 日

前　言

　　本规程根据四川省住房和城乡建设厅《关于下达四川省工程建设地方标准〈四川省农村居住建筑抗震技术规程〉编制计划的通知》（川建标发〔2012〕265号）的要求，由四川省建筑科学研究院会同相关的高等院校、设计、检测、施工等单位共同制定而成。

　　本规程在制定过程中，编制组认真学习了国家和四川省有关农村建筑抗震设防的法律法规文件，调研了省内农村居住建筑的震害及防震、抗震经验，特别是对汶川地震和芦山地震中农村居住建筑的震害进行了分析，总结了我省实施《镇(乡)村建筑抗震技术规程》JGJ161、《四川省农村居住建筑抗震设计技术导则》，以及国内有关村镇居住建筑的抗震设防工作经验，针对我省农村居住建筑的特点，在广泛征求意见的基础上制定本规程。

　　本规程共分10章，依次为总则、术语和符号、基本规定、钢筋混凝土框架结构房屋、砖砌体结构房屋、混凝土小型空心砌块结构房屋、生土墙结构房屋、石结构房屋、木结构房屋、屋盖系统以及附录。

　　本规程中第1.0.4条和第1.0.5条为强制性条文，必须严格执行。

　　本规程由四川省住房和城乡建设厅负责管理，四川省建筑科学研究院负责具体解释。在实施过程中，请各单位注意总结经验、积累资料，并将意见和建议反馈给四川省建筑科学研究院结构抗震研究所（通信地址：成都市一环路北三段 55 号，邮政编码：610081）。

本规程主编单位：四川省建筑科学研究院

本规程参编单位：四川省建筑工程质量检测中心
成都建筑工程集团总公司
四川省建筑新技术工程公司
四川大学
成都理工大学
核工业西南勘察设计研究院有限公司
四川建筑职业技术学院

本规程主要起草人：肖承波　吴　体　高永昭　张　静
李　维　陈　华　张新培　朱谷生
覃帮程　赵　华　凌程建　李德超
汪建兵　范　涛　陈文元

本规程主要审查人：章一萍　秦　刚　黄光洪
（以下按姓氏笔画排列）
毕　琼　李学兰　刘　雄　张仕忠
谷学东　黄　良

目 次

Contents

1 总 则

1.0.1 为贯彻执行《中华人民共和国防震减灾法》、《四川省防震减灾条例》等法律法规，实行以预防为主的方针，使农村居住建筑经抗震设防后，减轻建筑的地震破坏，避免或最大限度地减少人员伤亡和经济损失，制定本规程。

1.0.2 本技术规程适用于抗震设防烈度为 6 度、7 度、8 度和 9 度区的居民自建两层（含两层）以下，且单体建筑面积不超过 300 m² 的居住建筑的抗震设计、施工与验收。

> **注**：本规程以下"抗震设防烈度 6 度、7 度、8 度、9 度"简称为"6度、7 度、8 度、9 度"。

1.0.3 按本规程进行抗震设防的农村居住建筑，其基本的抗震设防目标是：当遭受低于本地区抗震设防烈度的多遇地震影响时，主体结构不受损坏或不修理可继续使用；当遭受相当于本地区抗震设防烈度的地震影响时，主体结构可能发生损坏，经一般性修理仍可继续使用，当遭受高于本地区抗震设防烈度的罕遇地震影响时，主体结构不致倒塌或发生危及生命的严重破坏。

1.0.4 抗震设防烈度为 6 度及以上地区的农村居住建筑，必须采取抗震措施。

1.0.5 抗震设防烈度必须按国家规定的权限审批、颁发的文件（图件）确定。

1.0.6 一般情况下，建筑的抗震设防烈度应采用根据《中国地震动参数区划图》确定的地震基本烈度。经省级具有审批权限的部门调整明确地震动参数的地区，应按批准后的地震动参数及相对应的抗震设防烈度进行设防。

1.0.7 农村居住建筑应满足正常使用条件下承载能力的要

求。按本规程进行抗震设防的农村居住建筑，除本规程有明确规定外，一般情况下可不再进行抗震计算。当房屋的使用荷载超过现行国家标准《建筑结构荷载规范》GB 50009 对居住建筑荷载的允许值时，除应进行承载能力验算外，尚应进行抗震验算。

1.0.8 农村居住建筑的抗震设计与施工，除符合本规程要求外，尚应符合国家现行有关标准的规定。

2 术语和符号

2.1 术 语

2.1.1 抗震设防烈度 seismic precautionary intensity

按国家规定的权限批准作为一个地区抗震设防依据的地震烈度。

2.1.2 地震作用 earthquake action

由地震动引起的结构动态作用,包括水平地震作用和竖向地震作用。

2.1.3 抗震措施 seismic measures

除地震作用计算和抗力计算以外的抗震设计内容,包括抗震构造措施。

2.1.4 抗震构造措施 details of seismic design

根据抗震概念设计原则,一般不需要计算而对结构和非结构各部分必须采取的各种细部要求。

2.1.5 场地 site

工程群体所在地,具有相应相似的工程地质条件和反应谱特征。其范围大体相当于自然村或不小于 $1.0km^2$ 的平面面积。

2.1.6 地基 subgrade, foundation soils

支撑基础的土体或岩体。

2.1.7 复合地基 composite subgrade, composite foundation

部分土体被增强或被置换,而形成的由地基土和增强体共同承担荷载的人工地基。

2.1.8 地基处理 ground treatment

为提高地基承载力,或改善其变形性质或渗透性质而采取

3

的工程措施。

2.1.9　基础　foundation

将结构所承受的各种作用传递到地基上的结构组成部分。

2.1.10　无筋扩展基础　non-reinforced spread foundation

由砖、毛石、混凝土或毛石混凝土、灰土和三合土等组成的，且不需配筋的墙下条形基础或柱下独立基础。

2.1.11　烧结普通砖　fired common bricks

以黏土、页岩、煤矸石、粉煤灰为主要原料，经焙烧而成的实心或孔洞率不大于规定值，砖的外形为直角六面体，其公称尺寸为长 240 mm、宽 115 mm、高 53 mm 的砖。

2.1.12　烧结多孔砖　fired perforated bricks

以黏土、页岩、煤矸石或粉煤灰为主要原料，经焙烧而成，孔洞率不小于 25%，孔的尺寸小而数量多，是主要用于承重部位的砖，简称多孔砖。目前多孔砖分为 P 型砖和 M 型砖。

2.1.13　蒸压灰砂砖　autoclaved sand-lime brick

以石灰和砂为主要原料，经坯料制备、压制成型、蒸压养护而成的实心砖。简称灰砂砖。

2.1.14　蒸压粉煤灰砖　autoclaved fly ash-lime brick

以粉煤灰、石灰为主要原料，掺加适量石膏和集料，经坯料制备、压制成型、高压蒸汽养护而成的实心砖。简称粉煤灰砖。

2.1.15　混凝土普通砖　concrete common bricks

规格为 240 mm × 115 mm × 53 mm，以水泥和普通集料或轻集料为主要原料，经原料制备、加压或振动加压、养护制成的实心砖。

2.1.16　混凝土多孔砖　concrete perforated bricks

以水泥为胶结材料，以砂、石为主要集料，加水搅拌、成型养护制成的一种多排小孔混凝土砖。

2.1.17　混凝土小型空心砌块　concrete small-sized hollow block

以碎石或卵碎石为粗骨料制作的混凝土小型空心砌块，主规格尺寸为 390 mm × 190 mm × 190 mm，空心率在 25% ~ 50% 之间，简称混凝土小砌块。

2.1.18 混凝土砌块灌孔混凝土　grout for concrete small hollow block

由水泥、集料、水以及根据需要掺入的掺和料和外加剂等组分，按一定比例，采用机械搅拌后，用于浇注混凝土砌块砌体芯柱或其他需要填实部位孔洞的混凝土。简称砌块灌孔混凝土。

2.1.19 砌体结构房屋　masonry structure

由砖或砌块和砂浆砌筑而成的墙、柱作为主要竖向承重构件的房屋。砖包括烧结普通砖、烧结多孔砖、混凝土普通砖、混凝土多孔砖、蒸压灰砂砖和蒸压粉煤灰砖等，砌块指混凝土小型空心砌块。

2.1.20 木结构房屋　timber structure

由木柱和木梁作为承重结构构件的建筑。主要包括穿斗木构架、木柱木屋架、木柱木梁和康房（崩壳房）房屋。

2.1.21 生土墙结构房屋　raw soil structure

由未经焙烧的土坯、夯土和灰土（掺石灰或其他黏结材料）作为承重墙体的房屋。

2.1.22 石砌体墙房屋　stone structure

由料石和平毛石砌体作为承重墙体的房屋。

2.1.23 混凝土构造柱　structural concrete column

在砌体房屋墙体规定部位，按构造配筋，并按先砌墙后浇灌混凝土柱的施工顺序制成的混凝土柱。通常称为混凝土构造柱，简称构造柱。

2.1.24 芯柱　core column

小砌块墙体的孔洞内浇灌混凝土的称素芯柱，小砌块墙体内的孔洞内插有钢筋并浇灌混凝土的称钢筋混凝土芯柱。

2.1.25 钢筋混凝土圈梁 reinforced concrete ring beam

在房屋的檐口、窗顶、楼层顶或基础顶面标高处，沿砌体墙体水平方向设置的封闭状的按构造配筋的混凝土梁式构件。

2.2 符 号

2.2.1 材料

MU——砖、砌块、石材的强度等级；

A——蒸压加气混凝土的强度等级；

M——砂浆的强度等级；

Ms——蒸压砖专用砌筑砂浆的强度等级；

Mb——混凝土小型空心砌块专用砌筑砂浆的强度等级；

C——混凝土的强度等级；

Cb——混凝土小型空心砌块灌孔混凝土的强度等级。

2.2.2 其他

ϕ——表示钢筋直径的符号，如 $\phi14$ 表示直径为 14 mm 的钢筋。

3 基本规定

3.1 场地和地基

3.1.1 选择建筑场地时，应按表 3.1.1 选择有利或一般地段，不应在危险地段建造房屋。对不利地段应先勘明场地状况，有针对性地采取处理措施后方可建造建筑。

表 3.1.1 有利、一般、不利和危险地段的划分

地段类别	地质、地形、地貌
有利地段	稳定基岩，坚硬土，开阔、平坦、密实、均匀的中硬土等
一般地段	不属于有利、不利和危险的地段
不利地段	软弱土，液化土，条状突出的山嘴，高耸孤立的山丘，非岩质的陡坡，河岸和边坡的边缘，平面分布上成因、岩性、状态明显不均匀的土层（含故河道、疏松的断层破碎带、暗埋的塘浜沟谷和半填半挖地基），地表存在结构性裂缝等
危险地段	地震时可能发生滑坡、崩塌、地陷、地裂、泥石流等及发震断裂带上可能发生地表位错的部位

3.1.2 8 度、9 度时，当场地内存在发震断裂带时，应避开主断裂带。其避让距离为：8 度时不小于 100 m，9 度时不小于 200 m。当条件所限而确需在避让距离内建造房屋时，8 度时应提高 1 度采取抗震措施，9 度时应按比 9 度更高的要求采取抗震措施，并且应提高基础和上部结构的整体性，且不得跨越断层线。

3.1.3 当确需在条状突出的山嘴、高耸孤立的山丘、非岩石的陡坡、河岸和边坡边缘等不利地段建造建筑时，除采取可靠措施保证地基在地震作用下的稳定性外，其上部结构抗震措施应按本地区抗震设防烈度提高 1 度采用，9 度时应按比 9 度更高的要求采取抗震措施。

3.1.4 应优先采用天然地基，不宜在软弱黏性土、液化土、新近填土或严重不均匀土地基上建造房屋。如不能避免时，应按现行国家标准《建筑抗震设计规范》GB 50011 的规定进行判别，并采取相应的措施。6 度时，可不考虑液化的影响。

3.1.5 对有淤泥、可液化土或严重不均匀土层地基采取垫层换填方法的处理措施时，应符合下列要求：

1 垫层换填材料可选用级配良好的砂石或碎石土；或性能稳定的矿渣、煤渣等无害工业废料，并应分层夯实。不得使用淤泥、耕土、冻土、膨胀土以及有机质含量大于 5%的土作换填填料。

2 当采用砾石、卵石、块石、岩石碎屑作填料时，分层夯实时其粒径不宜大于 50 mm，分层压实时其粒径不宜大于 100 mm；当采用灰土作填料时，灰土的体积配合比宜为 2∶8 或 3∶7，石灰宜采用新鲜的消石灰，颗粒粒径不得大于 5 mm。

3 垫层的底面宜至老土层，垫层厚度宜为 0.5 m ~ 3.0 m。

4 垫层在基础底面以外的处理宽度：垫层底面每边应超过垫层厚度的 1/2 且不小于基础宽度的 1/5；垫层顶面宽度可从垫层底面两侧向上，按基坑开挖期间保持边坡稳定的当地经验放坡确定，垫层顶面每边超出基础底边不应小于 300 mm。

3.1.6 当地基土为湿陷性黄土或膨胀土时，应分别按现行国家标准《湿陷性黄土地区建筑规范》GB 50025 或《膨胀土地区建筑技术规范》GB 50112 中的有关规定处理。

3.2 基 础

3.2.1 砌体结构房屋同一结构单元的基础应采用同一类型。基础底面宜埋置在同一标高上，否则应按高宽比 1：2 的台阶逐步放坡，并增设钢筋混凝土基础圈梁。基础圈梁的截面高度不应小于 120 mm，宽度不应小于上部结构砖墙的厚度；其纵向钢筋不应小于 $4\phi10$，箍筋直径不应小于 6 mm，箍筋间距不应大于 250 mm。

3.2.2 除岩石地基外，基础应埋入稳定土层，埋置深度不应小于 0.5 m。

3.2.3 当基础埋置在易风化的岩层上时，施工时应在基槽开挖后立即铺筑垫层。

3.2.4 当存在相邻建筑时，新建建筑的基础埋深不宜大于原有建筑基础。当埋深大于原有建筑基础时，两基础应保持一定的净距，其数值应根据建筑荷载大小、基础形式和土质而定。一般情况下，两基础的净距可按基底高差的两倍确定。

3.2.5 砌体墙承重房屋的基础，宜采用烧结普通砖和混凝土普通砖砌体，以及混凝土小型空心砌块和石材砌体的无筋扩展基础。对地下水位较低和土质较好地区的生土墙房屋，可采用灰土或三合土基础。

3.2.6 石砌基础应符合下列要求（图 3.2.6）：

    1 石砌基础的高度应符合下式要求：

$$H_0 \geqslant 0.75(b - b_1) \qquad\qquad (3.2.6)$$

式中 H_0——基础的高度；

       b——基础底面的宽度；

       b_1——墙体的厚度。

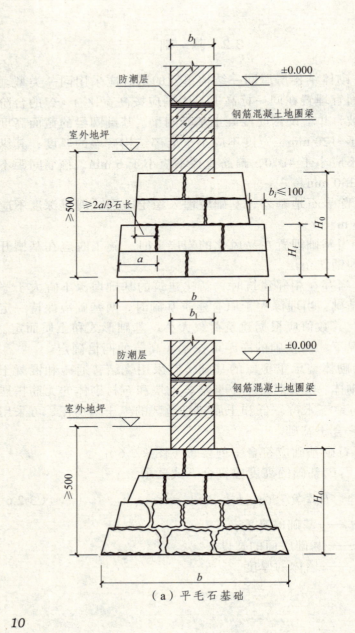

（a）平毛石基础

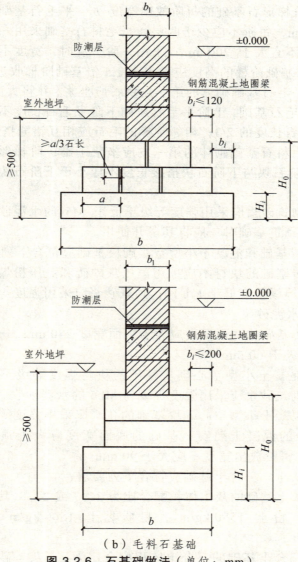

防潮层

±0.000

钢筋混凝土地圈梁

$b_i \leqslant 120$

室外地坪

$\geqslant a/3$石长

H_0

H_i

a

b

防潮层

±0.000

钢筋混凝土地圈梁

$b_i \leqslant 200$

室外地坪

$\geqslant 500$

H_0

H_i

b

（b）毛料石基础

图 3.2.6　石基础做法（单位：mm）

2 阶梯形石基础的每阶放出宽度 b_i。平毛石基础不宜大于 100 mm，每阶不应少于两层。当毛料石基础采用一阶两皮时，宽度不宜大于 200 mm；采用一阶一皮时，宽度不宜大于 120 mm。基础阶梯的高度应不小于 1.5 倍基础阶梯收进宽度。

3 平毛石基础砌体的第一皮块石应坐浆，并将大面朝下；阶梯形平毛石基础，上阶平毛石压砌下阶平毛石长度不应小于下阶平毛石长度的 2/3；相邻阶梯的毛石应相互错缝搭砌。

4 毛料石基础砌体的第一皮应坐浆丁砌；阶梯形毛料石基础，上阶石块与下阶石块搭接长度不应小于下阶石块长度的 1/2。

5 砌筑砂浆应采用强度等级不低于 M5 的水泥砂浆。当采用卵石砌筑基础时，应将其凿开使用。

3.2.7 砖基础和混凝土小型空心砌块基础应符合下列要求：

1 砖基础的块材不应采用蒸压灰砂砖和蒸压粉煤灰砖，砖的强度等级不应低于 MU10；砌筑砂浆应采用强度等级不低于 M5 的水泥砂浆。

2 砖基础的底面宽度应大于顶面宽度 240 mm，每阶放出宽度不应大于 60 mm。

3 混凝土小型空心砌块基础的块材强度等级不应低于 MU10；砌筑砂浆应采用强度等级为 Mb5 的水泥砂浆。

4 混凝土小型空心砌块基础的孔洞应采用强度等级不低于 Cb20 的混凝土灌实；基础的底面宽度应大于顶面宽度 380 mm，每阶放出宽度不应大于 90 mm。

3.2.8 灰土、三合土基础应符合下列要求：

1 灰土基础的灰土体积配合比为 3：7 或 2：8，其土最小干密度：粉土 1550 kg/m³，粉质黏土 1500 kg/m³；黏土 1450 kg/m³。

2 三合土基础的三合土体积配合比为，石灰：砂：骨料为 1：2：4～1：3：6。

　　3　灰土、三合土基础宽度不宜小于 700 mm，距基础墙边的宽度不应大于 200 mm，高度不宜小于 300 mm。灰土、三合土基础应分层夯实。灰土基础每层应虚铺 220 mm～250 mm，夯实至 150 mm；三合土基础每层应虚铺 200 mm，夯实至 150 mm。

　　4　灰土、三合土基础的拌合应控制适量的拌合水，并拌合均匀。

3.2.9　当上部墙体为生土墙、毛石墙，其基础采用石砌基础、砖基础、混凝土小型空心砌块基础时，其基础的顶面宽度应不小于上部墙体的厚度。

3.2.10　当地基土可能出现不均匀沉降而又不能避开时，应设置钢筋混凝土基础圈梁，基础圈梁可与墙体的防潮层合并设置。

3.2.11　基础施工完后应及时回填。回填时，应沿基础墙体两侧同时均匀回填、分层夯实，每层填土高度不宜超过 300 mm。

3.3　结构体系和抗震构造措施

3.3.1　房屋的结构体系可选用以砖砌体、混凝土小型空心砌块砌体和石砌体为承重墙的砌体结构体系；以钢筋混凝土框架承重的结构体系；以及以穿斗木构架、木柱木梁等构成承重构架的木结构体系。

　　7 度及以上时，不应采用生土墙承重的结构体系；8 度及以上时，不应采用毛石墙承重的结构体系。

　　严禁采用空斗砖墙承重的结构体系。

3.3.2　体系设计方案应符合下列原则要求：

　　1　应具有简明、合理的受力和传递地震作用的途径。

　　2　应避免因部分结构或构件破坏而导致整个结构丧失抗

震能力或对重力荷载的承载能力。

3 应具备必要的抗震承载能力、良好的变形能力和消耗地震能量的能力。

4 对可能出现的薄弱部位，应采取措施提高抗震能力或者考虑多道抗震防线。

3.3.3 房屋平面及立面宜规则、完整，不宜局部凸出；其结构构件的布置宜对称、均匀。对平面及立面不规则的房屋，应对变化的部位加强抗震措施。

3.3.4 同一砌体房屋应采用相同材料的承重结构，不应采用独立的砖柱、砌块柱、石砌柱等承重方式。

3.3.5 房屋结构各构件之间的连接应牢固，构件节点的破坏不应先于其连接的构件，预埋件的锚固破坏不应先于连接件。当采用预制板等预制钢筋混凝土构件时，预制构件的连接应符合结构整体性要求。

3.3.6 内隔墙宜采用轻质墙体材料，并与主体结构连接。当砌体房屋内隔墙采用砖砌体时，墙体厚度不应小于 240 mm；当采用混凝土小型空心砌块等块材时，墙体厚度不应小于190 mm。砌体隔墙的抗震构造措施应符合本规程第 5 章、第 6 章的抗震构造规定。

3.3.7 木屋架和硬山搁檩的屋盖系统应合理设置斜撑、竖向交叉撑。

木结构房屋的砌体或生土围护墙应保证墙体的自身稳定，并采用贴砌方式；围护墙与主体结构的连接，应满足围护墙的破坏不致影响主体结构安全的要求。

3.3.8 砌体墙承重结构体系房屋应符合下列要求：

1 应采用横墙承重或纵横墙共同承重的结构体系，不应采用纵墙承重的结构体系。8 度、9 度时，不应采用硬山搁檩屋盖。

2 平面内墙体布置应闭合，纵横墙的布置宜均匀对称，在平面内宜对齐；同一轴线上的窗间墙宽度宜均匀。

3 横墙上门窗洞口所占的水平横截面面积不应大于总截面面积的 25%；纵墙上门窗洞口所占的水平横截面面积不应大于总截面面积的 50%。横墙和内纵墙上的门窗洞口宽度不宜大于 1.5 m；外纵墙上的洞口宽度不宜大于 1.8 m 或开间尺寸的一半。烟道、通风道等竖向孔道不应削弱墙体。当开门窗洞口过大而削弱墙体截面时，应对墙体采取加强措施。

4 除按本规程采取加强措施的两层房屋允许第二层外纵墙外延外，其墙体沿竖向应上下连续，不应采用悬墙的结构布置；不应采用无锚固的钢筋混凝土预制挑檐，且不宜在外挑檐上砌筑砌体。

5 房屋檐口处应设置圈梁，房屋的四大角和楼梯间的四角应设置构造柱，且应符合本规程有关章节的规定。

6 两层房屋的楼层不应错层，楼梯间不宜设在房屋的尽端和转角处，且不应采用板式单边悬挑楼梯。

7 横墙间距、墙体厚度、局部尺寸和拉结等抗震构造措施应符合本规程有关章节的规定。

8 8 度时宜优先采用现浇钢筋混凝土楼屋盖；9 度时应采用现浇钢筋混凝土楼屋盖。

3.3.9 生土墙承重房屋和毛石墙承重房屋不应设置出屋面楼梯间。

3.3.10 6 度、7 度时，无锚固措施的女儿墙、砌体烟囱的出屋面高度不应大于 500 mm。

8 度、9 度以及出屋面高度大于 500 mm 时，或处于人员出入口位置的女儿墙、砌体烟囱、附属装饰物等，应采取可靠的拉结措施或防坠伤人的措施。

3.4 结构材料

3.4.1 砖、混凝土小型空心砌块、水泥和钢材等结构材料，应采用符合国家现行标准要求的产品，并附有质量合格证明。

3.4.2 砖和砌块的强度等级应符合下列要求：

烧结普通砖和多孔砖、混凝土普通砖和多孔砖的强度等级不应低于 MU10。

6 度、7 度时，混凝土小型空心砌块的强度等级不应低于 MU7.5；蒸压灰砂砖、蒸压粉煤灰砖不应低于 MU10。

8 度、9 度时，混凝土小型空心砌块的强度等级不应低于 MU10；蒸压灰砂砖、蒸压粉煤灰砖不应低于 MU15。

3.4.3 砌筑砂浆强度等级应符合下列要求：

6 度、7 度时，烧结普通砖和多孔砖、混凝土普通砖和多孔砖砌体的砌筑砂浆强度等级不应低于 M2.5；蒸压灰砂砖、蒸压粉煤灰砖砌体的砌筑砂浆强度等级不应低 Ms5；混凝土小型空心砌块砌体的砌筑砂浆强度等级不应低于 Mb5。

8 度、9 度时，烧结普通砖和多孔砖、混凝土普通砖和多孔砖砌体的砌筑砂浆强度等级不应低于 M5；蒸压灰砂砖、蒸压粉煤灰砖砌体的砌筑砂浆强度等级不应低于 Ms7.5；混凝土小型空心砌块砌体的砌筑砂浆强度等级不应低于 Mb7.5。

不同强度等级的砂浆可参考附录 A 进行配制。

3.4.4 钢筋混凝土结构构件的混凝土强度等级应符合下列要求：

钢筋混凝土结构构件的混凝土强度等级不应低于 C20。

钢筋混凝土框架抗震等级为二级时，其框架梁、柱的混凝土强度等级不应低于 C25。

混凝土小型空心砌块孔洞的灌注混凝土强度等级不应低于 Cb20。不同强度等级的混凝土可参考附录 B 进行配制。

3.4.5 普通钢筋宜优先采用延性、韧性和焊接性能较好的钢筋；普通钢筋的强度等级，纵向受力钢筋宜选用不低于 HRB400 级的热轧钢筋，也可采用 HRB335 级热轧钢筋；箍筋宜选用不低于 HRB335 级的热轧钢筋，也可选用 HPB300 级热轧钢筋。铁件、扒钉等连接件宜采用 Q235 钢材，外露铁件应做防锈处理。

不应在承重构件中使用废旧钢材，钢筋应采用机械调直，不应采用人工砸直的方式进行加工处理。

3.4.6 水泥应采用强度等级不低于 42.5 级的硅酸盐水泥、普通硅酸盐水泥、矿渣硅酸盐水泥或火山灰质硅酸盐水泥。严禁使用过期或质量不合格的水泥，以及混用不同品种的水泥。

3.4.7 当采用预制钢筋混凝土构件时，其产品质量必须符合国家现行相关标准和房屋设计的要求，外观质量不应有严重缺陷，不应有影响结构性能和安装、使用功能的尺寸偏差。

3.4.8 木结构承重用的木材宜选用原木、方木和板材。受拉构件或拉弯构件应选用一等材，受弯构件或压弯构件应选用二等及其以上木材。圆木柱稍径不应小于 150 mm，圆木檩稍径不应小于 100 mm，圆木椽稍径不应小于 50 mm；当采用方木时，边长不应小于 120 mm。

木材的含水率应小于 25%，且纹理直、节疤少、无腐朽，并应做防虫、防腐处理。

3.4.9 生土墙房屋宜采用灰土制作墙体土料。原始生土料应进行处理，根据当地土质状况掺入适量的消石灰粉和砂石骨料，并控制适量的拌合水。

3.4.10 石墙应选用质地坚实、无风化、剥落和裂纹的石材。毛石墙的石材形状不应过于细长、扁薄、尖锥或接近圆形，石材中部的厚度应不小于 150 mm，不应使用未经加工处理的卵石砌筑墙体。

3.5 施工及验收

3.5.1 施工方应与设计方和房主进行技术沟通，清楚房屋抗震设计的内容和本规程的要求，并制订有效可行的施工方案。

3.5.2 施工方应确保施工材料、产品符合国家现行标准的规定，以及满足设计和本规程各章节的要求。不符合质量要求的材料、产品不得进入房屋施工现场使用。

3.5.3 施工中应采取有效质量控制措施，确保采取的抗震措施符合本规程的要求，并有相应的质量记录。

3.5.4 当施工出现结构抗震安全隐患的质量问题时，应及时会同设计人员商定处理措施，并负责整改至合格。

3.5.5 施工安全应遵照国家有关标准的规定执行。施工方应制订施工安全方案和措施，配备安全防护器材，加强施工安全的标识、宣传、培训和监督。

3.5.6 房屋竣工验收，应满足下列要求：

1 房屋抗震设计、施工资料及质量记录应齐全、完整和有效。

2 主要材料的材质证明资料应齐全、合格和有效。

3 符合本规程的要求。

4 施工过程中未发生质量事故，或已对质量事故进行处理并验收合格。

5 房屋无外观质量问题。

6 施工质量验收检查主要内容见附录 C。

4 钢筋混凝土框架结构房屋

4.1 一般规定

4.1.1 本章适用于钢筋混凝土框架结构承重的房屋。

4.1.2 楼、屋盖宜优先采用现浇钢筋混凝土板,当采用预制钢筋混凝土板时,预制钢筋混凝土板应相互拉结,并宜与梁拉结。

4.1.3 钢筋混凝土框架结构房屋应根据设防烈度采用不同的抗震等级,并应符合相应的构造措施要求。房屋抗震等级按表4.1.3确定。

表 4.1.3 钢筋混凝土结构房屋的抗震等级

设防烈度	6 度	7 度	8 度、9 度
抗震等级	四	三	二

4.1.4 框架独立柱基础有下列情况之一时,宜沿两个主轴方向设置基础系梁:

    1 Ⅳ类场地的二级框架。

    2 各柱基础底面在重力荷载代表值作用下的压应力差别较大。

    3 基础埋置较深,或各基础埋置深度差别较大。

    4 地基主要受力层范围内存在软弱黏性土层、液化土层或严重不均匀土层。

4.1.5 楼梯间应符合下列要求:

    1 宜采用现浇钢筋混凝土楼梯。

    2 楼梯间的布置不应导致结构平面特别不规则。

3 楼梯间两侧填充墙与柱之间应加强拉结。

4.1.6 钢筋混凝土框架房屋应依据相关规范进行抗震验算。

4.2 抗震构造措施

4.2.1 框架梁的截面尺寸，宜符合下列各项要求：

1 截面宽度不宜小于 200 mm。

2 截面高宽比不宜大于 4。

3 净跨与截面高度之比不宜小于 4。

4.2.2 框架梁两端箍筋加密区的长度、箍筋最大间距和最小直径应按表 4.2.2 采用。

表 4.2.2 梁端箍筋加密区的长度、箍筋的最大间距和最小直径

抗震等级	加密区长度 （采用较大值） （mm）	箍筋最大间距 （采用最小值） （mm）	箍筋最小直径 （mm）
二	$1.5h_b$，500	$h_b/4$，$8d$，100	8
三	$1.5h_b$，500	$h_b/4$，$8d$，150	8
四	$1.5h_b$，500	$h_b/4$，$8d$，150	6

注：d 为纵向钢筋直径，h_b 为梁截面高度。

4.2.3 沿框架梁全长顶面、底面的配筋，二级不应少于 $2\phi14$，且分别不应少于梁顶面、底面两端纵向配筋中较大截面面积的 1/4；三、四级不应少于 $2\phi12$。

4.2.4 框架梁端加密区的箍筋肢距，二级不宜大于 200 mm，三、四级不宜大于 250 mm。

4.2.5 柱的截面尺寸，应符合下列各项要求：

1 截面的宽度和高度，不应小于 300 mm；圆柱的直径不

应小于 350 mm。

   2 截面长边与短边的边长比不宜大于 3。

4. 2. 6 柱的钢筋配置，应符合下列各项要求：

   1 柱纵向受力钢筋的最小总配筋率应按表 4.2.6-1 采用，同时每一侧配筋率不应小于 0.2%。

表 4.2.6-1 柱截面纵向钢筋的最小总配筋率（百分率）

类别	抗震等级		
	二	三	四
中柱和边柱	0.8	0.7	0.6
角柱	0.9	0.8	0.7

   2 柱箍筋在规定的范围内应加密，加密区箍筋的最大间距和直径，应按表 4.2.6-2 采用。

表 4.2.6-2 柱箍筋加密区的箍筋最大间距和最小直径

抗震等级	箍筋最大间距	箍筋最小直径（mm）
二	100	8
三	150	8
四	150	6

4. 2. 7 柱的纵向钢筋配置，尚应符合下列规定：

   1 柱的纵向钢筋宜对称配置。

   2 截面边长大于 400 mm 的柱，纵向钢筋间距不宜大于 200 mm。

   3 柱总配筋率不应大于 5%。

   4 柱纵向钢筋的绑扎接头应避开柱端的箍筋加密区。

4. 2. 8 柱的箍筋配置，尚应符合下列要求：

1 柱的箍筋加密区范围，应按下列规定采用：

1）柱端，取截面高度（圆柱直径）、柱净高度 1/6 和 500 mm 三者的最大值。

2）底层柱下端不小于柱净高的 1/3。

3）刚性地面上下各 500 mm。

4）因设置填充墙等形成的柱净高与柱截面高度之比不大于 4 的柱、二级框架的角柱，取全高。

2 柱端箍筋加密区的箍筋肢距，二、三级不宜大于 250 mm，四级不宜大于 300 mm。每隔一根纵向钢筋宜在两个方向设箍筋或拉筋约束；采用拉筋复合箍时，拉筋宜紧靠纵向钢筋并钩住箍筋。

3 柱非加密区的箍筋间距，二级框架柱不应大于 10 倍纵向钢筋直径，三、四级框架柱不应大于 15 倍纵向钢筋直径。

4.2.9 框架填充墙的设置，应符合下列各项要求：

1 填充墙宜优先采用轻质墙体材料，蒸压加气混凝土块体的强度等级不宜低于 MU2.5，其余轻质块体的强度等级不宜低于 MU3.5。

2 填充墙在平面和竖向的布置，宜均匀对称，宜避免形成薄弱层或短柱。

3 填充墙的砂浆强度等级不应低于 M2.5。

4 填充墙顶应与框架梁密切结合；填充墙应沿框架柱全高每隔 500 mm ~ 600 mm 设 2ϕ6 拉结筋，拉筋伸入墙内的长度，6 度、7 度时不应小于 1000 mm，8 度、9 度时应全长贯通。

5 墙长大于 5 m 时，墙顶与梁应有拉结，且宜设置钢筋混凝土构造柱；墙高超过 4 m 时，墙体半高宜设置与柱连接且沿墙全长贯通的钢筋混凝土水平系梁。

6 楼梯间和人流通道的填充墙，尚应采用钢筋网砂浆面层加强。

4.2.10 突出屋面结构的女儿墙、立墙、烟囱等易倒塌构件，应与主体结构可靠连接。

4.3 施工要求

4.3.1 在施工中，当需要以强度等级较大的钢筋替代原设计中的纵向受力钢筋时，应按照钢筋受拉承载力设计值相等的原则换算，并应满足最小配筋率要求。

4.3.2 模板工程的施工应满足如下要求：

1 模板及模板支撑应牢靠，模板的接缝不应漏浆。

2 浇筑混凝土前，模板内的杂物应清理干净；木模板应浇水湿润，但模板内不应有积水。

3 底模及其支架应在混凝土达到设计强度的 100%时方可拆除。

4.3.3 钢筋工程的施工应满足如下要求：

1 钢筋应平直、无损伤，表面不得有裂纹、油污、颗粒状或片状老锈，也不得将弯折钢筋敲直后作受力筋使用。

2 在浇筑混凝土前，应对钢筋的品种、规格、数量、位置、间距等作好隐蔽记录。

3 当发现钢筋脆断、焊接性能不良或力学性能显著不正常等现象时，应对该批钢筋进行相应的专项检验。

4 钢筋宜采用无延伸功能的机械设备进行调直，也可采用冷拉方法调直。

5 钢筋的焊接长度：单面焊为 $10d$，双面焊为 $5d$。其中，d 为焊接钢筋较小直径。

6 钢筋混凝土梁、柱箍筋弯钩的弯折角度应为 135°，箍筋弯后平直部分的长度不应小于箍筋弯钩直径的 10 倍。

4.3.4 混凝土工程的施工应满足如下要求：

1 柱混凝土浇筑应分层进行，振捣密实，连续作业；梁、板混凝土应同时浇筑。

2 混凝土浇筑不得随意留置施工缝。所设置的施工缝，一般不少于 24 小时后再次浇筑混凝土，浇筑前应对施工缝处已硬化的混凝土进行剔除浮浆、松动石子，冲洗干净和润湿处理，再浇筑混凝土。施工缝处原混凝土面应为粗糙面。

3 钢筋混凝土柱高度超过 3m 的，浇筑混凝土应采用串筒下料或开门字板浇筑。

4 在浇筑梁混凝土时，铲起的混凝土应铲子底贴着模板内侧扣着下料。

5 混凝土浇筑完毕后的 12 小时内，应对混凝土加以覆盖并保湿养护，养护时间不得少于 7 天。养护用水应与拌制用水相同。

6 应防止出现露筋、蜂窝、孔洞、夹渣、疏松、裂缝等外观质量缺陷。

5 砖砌体结构房屋

5.1 一般规定

5.1.1 本章适用于烧结普通砖和多孔砖、蒸压灰砂砖、蒸压粉煤灰砖、混凝土普通砖和多孔砖等砌体承重的房屋。

5.1.2 砖墙体厚度不应小于 240 mm，砖柱截面尺寸不应小于 370 mm × 370 mm。

5.1.3 房屋的总高及层数应符合表 5.1.3 的要求。单层房屋的总高和两层房屋的底层层高不应超过 3.9 m；两层房屋的第二层层高不应超过 3.3 m。

表 5.1.3 砌体结构房屋的层数和总高度限值（m）

墙体类别	烈 度							
	6		7		8		9	
	高度	层数	高度	层数	高度	层数	高度	层数
普通砖、多孔砖	7.2	2	7.2	2	6.6	2	6.6	2
蒸压实心砖	7.0	2	6.6	2	6.0	2	3.0	1

注：房屋总高度指室外地面到屋面板板顶或檐口的高度。

5.1.4 抗震横墙最大间距宜符合表 5.1.4 的要求。

表 5.1.4 抗震横墙最大间距（m）

墙体类别	楼、屋盖类别	烈 度			
		6 度	7 度	8 度	9 度
普通砖、多孔砖	预制混凝土板	7.2	6.6	6.0	—
	现浇混凝土板	7.2	7.2	6.6	4.5
	木楼、屋盖	6.6	6.0	4.5	3.3（单层）
蒸压实心砖	预制混凝土板	6.6	6.0	4.5	—
	现浇混凝土板	6.6	6.6	6.0	4.2（单层）
	木楼、屋盖	6.0	4.5	3.3	3.0（单层）

注：表中"—"表示不能用于该建筑。

5.1.5 房屋的局部尺寸限值应符合表 5.1.5 的规定。

表 5.1.5 房屋的局部尺寸限值（m）

部 位	6 度	7 度	8 度	9 度
门窗洞口间墙最小宽度	0.8	0.8	1.0	1.3
承重外墙尽端至门窗洞边的最小距离	0.8	1.0	1.2	1.5
非承重外墙尽端至门窗洞边的最小距离	0.8	0.9	1.0	1.0
内墙阳角至门窗洞边的最小距离	0.8	0.8	1.2	1.8
内横墙上门窗洞口至外纵墙的最小距离	0.8	1.0	1.2	1.5

注：局部尺寸不足时，应采取局部加强措施，且最小宽度
不宜小于 1/4 层高及表列数据的 80%。

5.1.6 圈梁的设置应符合下列要求：

　　1 6 度、7 度时，在屋盖檐口处的墙顶应设置圈梁；8 度、9 度时，在屋盖檐口及楼盖处的墙顶均应设置圈梁。

2 内横墙圈梁间距不应大于 5.1.4 条规定的抗震横墙最大间距；在外纵墙构造柱对应部位应设置横墙圈梁。

3 圈梁宜采用钢筋混凝土圈梁，且圈梁应周圈闭合。圈梁宜与楼屋盖板设在同一标高处或紧靠板底。

4 当楼屋盖为现浇钢筋混凝土或装配整体式钢筋混凝土，且楼屋盖板沿墙体周边采取加强配筋并与相应的构造柱有可靠连接时，允许不另设圈梁。

5.1.7 构造柱的设置部位应符合表 5.1.7 的要求。

表 5.1.7 构造柱设置部位要求

房屋层数	设 置 部 位			
	6 度	7 度	8 度	9 度
单层	外墙转角、外墙四大角处			
		较大洞口两侧、大房间四角处		
			隔 10 m 横墙与外纵墙交接处、山墙与内纵墙交接处	
				隔开间（轴线）横墙与外纵墙交接处
两层	外墙转角、楼梯间四角、外墙四大角处			
		大房间四角、较大洞口两侧、山墙与内纵墙交接处		
			隔开间（轴线）横墙与外纵墙交接处、楼梯间对应的另一侧内横墙与外纵墙交接处、楼梯梯斜段上下端对应墙体处	
				横墙与外纵墙交接处

注：1 大房间指房间的开间距为 4.2 m 及以上，较大洞口指洞口宽度在 2.1 m 及以上。

2 外墙转角指房屋平面为 L 形、T 形等翼缘较大时，其平面折转处的外墙转角。

27

5.1.8 当两层房屋第二层一侧的外纵墙外延时，尚应符合下列规定：

1 第二层外延纵墙与底层纵墙的轴线外延尺寸为：6 度时不应大于 1.2 m，7 度时不应大于 1.0 m，8 度时不应大于 0.6 m，9 度时不应外延。

2 楼盖、屋盖、悬挑梁、板及锁口梁，应为整体现浇钢筋混凝土。

3 抗震横墙间距不应大于 6.0 m，砌筑砂浆强度等级不应低于 M5；楼盖处应设置圈梁，其外延纵墙一侧的外纵墙圈梁高度不应小于 240 mm。

4 横墙与外墙交接处、外墙转角处均应设置构造柱，外延纵墙一侧底层外纵墙体与横墙交接处的构造柱截面应为 T 形；外墙尽端转角处构造柱截面应为 L 形；构造柱每边突出的柱肢长度不应小于 240 mm，纵向钢筋不应少于 10ϕ12。

5 外延纵墙一侧的底层外纵墙墙肢宽度不应小于 1.2 m，且在墙肢两侧应设置构造柱。

6 外延的外纵墙应设置在锁口梁上，不应设置在楼盖板上。支承锁口梁的悬挑梁截面应为等截面，且不应小于 240 mm × 240 mm；悬挑梁伸入横墙的长度不应小于悬挑长度的 2 倍。

7 内墙交接处，沿墙高每隔 500 mm 配置 2ϕ6 拉结筋，每边伸入墙内不应小于 1.0 m。

5.2 抗震构造措施

5.2.1 圈梁截面高度不应小于 180 mm，宽度不应小于砖墙厚度，箍筋直径不应小于 6 mm。6 度、7 度时，圈梁的纵向钢筋不应少于 4ϕ10，箍筋间距不应大于 250 mm；8 度、9 度时，圈梁的纵向钢筋不应少于 4ϕ12，箍筋间距不应大于 200 mm。

5.2.2 构造柱的抗震构造应符合下列要求：

1 构造柱的截面不应小于 240 mm×180 mm，箍筋直径不应小于 6 mm。6 度、7 度、8 度时，构造柱的纵向钢筋不应少于 4ϕ12，箍筋间距不应大于 250 mm；9 度时，构造柱的纵向钢筋不应少于 4ϕ14，箍筋间距不应大于 200 mm。构造柱上下端箍筋加密区长度应不小于 500 mm，层高大于 3 m 的，应不小于净层高的 1/6；箍筋间距不应大于 100 mm。

2 墙体与构造柱连接处应砌成马牙槎，并应沿墙高每隔 500 mm 设 2ϕ6 拉结筋，每边伸入墙内不应小于 1000 mm。

3 当预制钢筋混凝土板与墙体构造柱相交时，楼（屋）盖相应部位应设置现浇板带。

4 构造柱与圈梁连接处，构造柱的纵向钢筋应置于圈梁纵筋内侧。

5 构造柱可不单独设置基础，但应伸入室外地面下 500 mm 或与基础圈梁相连。

5.2.3 未设置构造柱的纵横墙交接处应设置拉结筋，拉结筋的设置应符合下列要求：

1 6 度、7 度时，沿墙高每隔 750 mm 设置 2ϕ6 拉结钢筋，拉结筋每边伸入墙内的长度不应小于 750 mm。

2 8 度、9 度时，沿墙高每隔 500 mm 设置 2ϕ6 拉结钢筋，拉结筋每边伸入墙内的长度不应小于 1000 mm。

5.2.4 屋架或梁支承处的加强措施应符合下列要求：

1 6 度、7 度时，当屋架或梁跨度大于或等于 6m 时，屋架或梁支承处的墙体应设置扶壁柱，且与墙体圈梁（或混凝土垫）可靠连接。

2 8 度、9 度时，屋架或梁支承处应设构造柱，且屋架或梁应与构造柱可靠连接。

5.2.5 木楼盖应符合下列构造要求：

1 木楼盖的木梁或木龙骨在砖墙上的搁置长度不应小于 120 mm，可采用夹板加螺栓对接，或在墙上满搭。

2 木梁或木龙骨在墙体支承处下应铺设砂浆垫层。

3 木梁或木龙骨与格栅、木板等木构件应采用圆钉、扒钉等相互连接。

5.2.6 预制钢筋混凝土板楼盖应符合下列构造要求：

1 预制板在内墙上搁置长度不应小于 100 mm，伸进外墙的长度不应小于 120 mm；在混凝土梁上的搁置长度不应小于 80 mm。预制板支承处应采用不低于墙体砌筑砂浆强度等级的水泥砂浆坐浆。

2 预制板板端的孔洞应采用砖块与砂浆等材料封堵。预制板的板端钢筋应搭接，并应在板端缝隙中设置 $\phi 8$ 的拉结钢筋与板端钢筋连接，并用 C20 细石混凝土将板端连接缝灌实（图 5.2.6）。

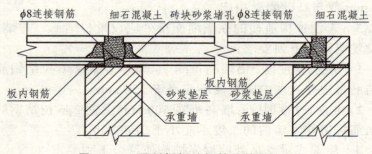

图 5.2.6 预制板板端钢筋连接及处理

3 当预制板下的墙顶无圈梁时，支承预制板墙体顶部应砌成丁砖，并采用不低于墙体砌筑砂浆强度等级的水泥砂浆找平。

4 当板的跨度为 4.8 m 及以上，并与外墙平行时，靠外墙的预制板侧边应与墙或圈梁拉结。

5 预制板侧边之间应留有 20 mm ～ 30 mm 的空隙，相邻跨预制板板缝宜贯通，当板缝宽度不小于 50 mm 时应配置板缝钢筋，钢筋应伸入墙体不小于 120 mm。

5.2.7 现浇钢筋混凝土楼盖应符合下列要求：

1 现浇钢筋混凝土板厚不宜小于 100 mm。

2 当不另设圈梁时，应在现浇板内沿外墙周边增配 $2\phi10$ 的通长钢筋，并与墙内构造柱可靠连接。

3 现浇钢筋混凝土板伸进纵、横墙内的长度均不应小于 120 mm。

4 楼盖的悬挑梁与楼盖板、圈梁和构造柱的交接部位，应整体浇筑混凝土。

5.2.8 6 度时宽度等于或大于 1200 mm 的门窗洞口，以及 7 度、8 度、9 度时的门窗洞口过梁应采用钢筋混凝土过梁。钢筋混凝土过梁的支承长度不应小于 240 mm，9 度时不应小于 360 mm。

5.2.9 6 度时宽度小于 1200 mm 的门窗洞口，门窗过梁可采用钢筋砖过梁。其构造应符合下列规定：

1 钢筋砖过梁底面砂浆层中的纵向钢筋不应小于 $4\phi8$；钢筋伸入支座砌体内的长度不应小于 480 mm。

2 钢筋砖过梁底面砂浆层的厚度不应小于 30 mm，砂浆层的强度等级不应低于 M5。

3 钢筋砖过梁截面高度不应小于门窗洞口宽度的 1/3，截面高度内的墙体砌筑砂浆强度等级不应低于 M5。

4 当墙体为多孔砖时，在钢筋砖过梁底面应卧砌不少于两皮普通砖。

5.2.10 突出屋顶楼梯间，构造柱应伸到顶部，并与顶部圈梁或现浇屋盖连接。6 度、7 度、8 度时，突出屋顶楼梯间的墙体应按本规程第 5.2.3 条规定设置拉结筋；9 度时，应沿墙高每隔 500 mm 设 2ϕ6 的通长拉结筋与构造柱连接。

5.2.11 楼盖悬挑阳台构件，应符合下列要求：

　　1 6 度、7 度、8 度时，悬挑构件的悬挑长度不宜超过 1.2 m；9 度时不宜超过 0.8 m。

　　2 当采用预制悬挑梁时，预制悬挑梁伸入墙体的长度不应小于悬挑长度的 2 倍；当采用现浇悬挑梁时，悬挑梁应与楼盖或圈梁整体现浇，悬挑梁纵向钢筋伸入现浇楼盖或圈梁的长度不应小于悬挑长度的 1 倍，且不应小于 45d，d 为纵向钢筋直径。

　　3 阳台护栏宜采用轻质板材或块材，护栏的轻质板材或块材应与相邻主体结构构件可靠连接。阳台护栏采用块材时，应在与墙体交接处设置 2ϕ6 的通长拉结筋，拉结筋竖向间距不应大于 500 mm；阳台护栏应设置钢筋混凝土立柱，立柱间距不应大于 2 m，立柱截面不应小于 120 mm×120 mm，立柱纵向钢筋不应少于 4ϕ10，箍筋直径不应小于 6mm，箍筋间距不应大于 200 mm；立柱底部应与阳台悬挑梁、锁口梁预埋件可靠连接，顶部应与护栏顶部栏杆或压顶配筋砂浆带连接；压顶配筋砂浆带厚度不应小于 30 mm，配筋不应小于 2ϕ6，砂浆强度等级不应小于 M5。

5.2.12 出屋面的女儿墙应设置配筋砂浆带压顶，配筋砂浆带压顶的构造要求应满足本规程第 5.2.11 条第 3 款的相关要求。

　　出屋面高度大于 500 mm 的女儿墙、处于人员出入口位置的女儿墙，应设置女儿墙构造柱并与压顶配筋砂浆带连接。女儿墙构造柱间距不应大于 2 m 或半开间，并应符合本规程第 5.2.2 条的相关构造要求。

5.2.13 楼梯间及门厅内墙阳角处的大梁支承长度不应小于

500 mm，并应与构造柱连接。

5.3 施工要求

5.3.1 烧结普通砖、烧结多孔砖、蒸压灰砂砖、蒸压粉煤灰砖墙砌筑前，常温下砖材应提前 1～2 天浇水润湿，严禁采用干砖或处于吸水饱和状态的砖砌筑。

5.3.2 砖墙每日砌筑高度不宜超过 1.5 m。

5.3.3 砌筑灰缝应横平竖直，厚薄均匀；水平灰缝的厚度宜为 10 mm，不应小于 8 mm，不应大于 12 mm；水平灰缝砂浆饱满度不应低于 80%，竖向不得出现透明缝、瞎缝和假缝。砌筑多孔砖砌体时，多孔砖的孔洞应垂直于受压面，不得横放砌筑。

5.3.4 砖墙砌筑时应上下错缝，内外搭砌；墙体在转角和内外墙交接处应同时砌筑，对不能同时砌筑而又必须留置的临时间断处，应砌成斜槎，斜槎的水平长度不应小于高度的 2/3，严禁砌成直槎。砖柱不得采用包心砌法。

5.3.5 埋入砖墙灰缝中的拉结筋应位置准确、平直，灰缝砂浆应密实并将其完全包裹，其外露部分在施工中不得任意弯折。

5.3.6 钢筋混凝土构造柱施工时，必须先砌墙，后浇筑构造柱混凝土；与构造柱连接处的墙体应先退后进砌成马牙槎；埋设于墙体与构造柱的拉结筋，伸入构造柱的长度不应小于 200 mm，并与构造柱竖向钢筋绑扎或焊接。

5.3.7 混凝土振捣应密实，不得漏振、欠振和过振。浇筑现浇混凝土后，应有养护措施，拆模不应过早。冬期施工时，应有防寒保温措施。

6 混凝土小型空心砌块结构房屋

6.1 一般规定

6.1.1 本章适用于混凝土小砌块砌体承重的房屋。

6.1.2 混凝土小砌块墙体厚度不应小于 190 mm。

6.1.3 混凝土小砌块建筑总高及层数应符合表 6.1.3 的要求；6 度、7 度和 8 度时两层房屋的底层层高或单层房屋的总高不应超过 3.9 m；9 度时单层房屋的总高不应超过 3.3 m。

表 6.1.3　混凝土小砌块房屋的层数和总高度限值（m）

墙体类别	烈　　度							
	6		7		8		9	
	高度	层数	高度	层数	高度	层数	高度	层数
混凝土小砌块	7.2	2	6.6	2	6.0	2	3.3	1

注：房屋总高度指室外地面到主要屋面板板顶或檐口的高度。

6.1.4 混凝土小砌块建筑抗震横墙最大间距宜符合表 6.1.4 条的要求。

表 6.1.4　抗震横墙最大间距（m）

墙体类别	楼、屋盖类别	烈　　度			
		6 度	7 度	8 度	9 度
混凝土小砌块	预制钢筋混凝土板	6.6	6.0	4.5	—
	现浇钢筋混凝土板	7.2	6.6	6.0	3.6（单层）
	木楼、屋盖	6.0	4.2	3.0	3.3（单层）

注：表中"—"表示不能用于该建筑。

6.1.5 混凝土小砌块建筑中砌体墙段的局部尺寸限值，宜符合表 6.1.5 的要求。

表 6.1.5 房屋的局部尺寸限值（m）

部　位	6 度	7 度	8 度	9 度
门窗洞口间墙最小宽度	0.8	0.8	1.0	1.3
承重外墙尽端至门窗洞边的最小距离	0.8	1.0	1.2	1.5
非承重外墙尽端至门窗洞边的最小距离	0.8	0.9	1.0	1.0
内墙阳角至门窗洞边的最小距离	0.8	0.8	1.2	1.8
内横墙上门窗洞口至外纵墙的最小距离	0.8	1.0	1.2	1.5

　　注：局部尺寸不足时，应采取局部加强措施，且最小宽度不宜小于 1/4 层高及表列数据的 80%。

6.1.6 圈梁的设置应符合下列要求：

　　1 6 度、7 度时，在屋盖檐口处的墙顶应设置圈梁；8 度、9 度时，在屋盖檐口及楼盖处的墙顶均应设置圈梁。

　　2 内横墙圈梁间距不应大于 6.1.4 条规定的抗震横墙最大间距；在外纵墙芯柱或构造柱对应部位应设置横墙圈梁。

　　3 圈梁宜采用钢筋混凝土，且圈梁应周圈闭合。圈梁宜与楼屋盖板设在同一标高处或紧靠板底，不应采用槽型砌块代做模板。

　　4 当楼屋盖为现浇钢筋混凝土或装配整体式钢筋混凝土，且楼屋盖板沿墙体周边采取加强配筋并与相应的芯柱或构造柱有可靠连接时，允许不另设圈梁。

6.1.7 芯柱或构造柱的设置部位及要求应符合表 6.1.7 的要求。

表 6.1.7 芯柱或构造柱设置部位及要求

房屋层数	设置部位及要求			
	6 度	7 度	8 度	9 度
单层	外墙转角、外墙四大角处（灌实 3 个孔）			
	较大洞口两侧（灌实 3 个孔）、大房间四角处（灌实 4 个孔）			
	隔 10 m 横墙与外纵墙交接处、山墙与内纵墙交接处（灌实 4 个孔）			
				隔开间（轴线）横墙与外纵墙交接处（灌实 4 个孔）
两层	外墙转角、楼梯间四角、外墙四大角处（灌实 4 个孔）		不应建造	
	大房间四角、较大洞口两侧、山墙与内纵墙交接处（灌实 4 个孔）			
	隔开间（轴线）横墙与外纵墙交接处（灌实 4 个孔）、楼梯间对应的另一侧内横墙与外纵墙交接处（灌实 4 个孔）、楼梯斜梯段上下端对应墙体处（灌实 2 个孔）			

注：1 大房间指房间的开间距为 4.2 m 及以上，较大洞口指洞口宽度在 2.1m 及以上。

2 外墙转角指房屋平面为 L 形、T 形等翼缘较大时，其平面折转处的外墙转角。

3 表中括号是对芯柱灌实孔数量的要求。

6.1.8 当两层房屋的第二层一侧的外纵墙外延时，尚应符合下列规定：

1 第二层外延纵墙与底层纵墙的轴线外延尺寸：6 度时不应大于 1.0 m，7 度时不应大于 0.8 m，8 度时不应大于 0.5 m，9 度时不应外延。

2 楼盖、屋盖、悬挑梁、板及锁口梁，应整体为现浇钢筋混凝土。

3 抗震横墙间距不应大于 6.0 m，砌筑砂浆强度等级不应低于 Mb5；楼盖处应设置圈梁，其外延纵墙一侧的外纵墙圈梁高度不应小于 240 mm。

4 横墙与外墙交接处、外墙转角处均应设置芯柱或构造柱。当采用构造柱时，外延纵墙一侧底层外纵墙体与横墙交接处的构造柱截面应为 T 形；外墙尽端转角处构造柱截面应为 L 形；构造柱每边突出的柱肢长度不应小于 190 mm，纵向钢筋不应少于 10ϕ12。当采用芯柱时，纵横墙交接处每边应灌实 5 个孔，每个孔插筋不应少于 1ϕ14。

5 外延纵墙一侧的底层外纵墙墙肢宽度不应小于 1.2 m，且在墙肢两侧设置芯柱或构造柱。当采用芯柱时，应灌实 3 个孔，每个孔插筋不应少于 1ϕ12。

6 外延的外纵墙应设置在锁口梁上，不应设置在楼盖板上。支承锁口梁的悬挑梁截面应为等截面，且不应小于 240 mm × 240 mm；悬挑梁伸入横墙的长度不应小于悬挑长度的 2 倍。

7 内墙交接处，沿墙高每隔 500 mm 配置 2ϕ6 拉结筋，并每边伸入墙内不应小于 1.0 m。

6.1.9 不宜采用无竖向配筋的附墙烟囱及出屋面烟囱；不应采用无锚固的钢筋混凝土预制挑檐。

6.1.10 出屋面女儿墙的抗震构造措施应按本规程第 5.2.12 条规定执行。

6.2 抗震构造措施

6.2.1 圈梁截面高度不应小于 180 mm，宽度不应小于墙体厚度，箍筋直径不应小于 6 mm。6 度、7 度时，圈梁的纵向钢筋不应少于 4ϕ10，箍筋间距不应大于 250 mm；8 度时，圈梁的纵向钢筋不应少于 4ϕ12，箍筋间距不应大于 200 mm；9 度时，圈梁的纵向钢筋不应少于 4ϕ14，箍筋间距不应大于 150 mm。

6.2.2 芯柱构造应符合下列要求：

1 芯柱截面不应小于 120 mm×120 mm；芯柱混凝土的强度等级不应低于 Cb20。

2 芯柱的竖向插筋应贯通墙身，且与圈梁连接；竖向插筋不应少于 1ϕ12 mm；9 度时，插筋不应少于 1ϕ14。

3 芯柱混凝土应贯通楼板，当采用钢筋混凝土预制板楼盖时，应采用贯通措施。

4 芯柱应伸入室外地面以下 500 mm 或与基础圈梁相连。

5 墙体交接处或芯柱与墙体连接处应设置拉结钢筋网片，网片可采用ϕ4 钢筋点焊而成，沿墙高间距不大于 600 mm，并沿墙体水平通长设置。

6.2.3 替代芯柱的钢筋混凝土构造柱，应符合下列构造要求：

1 构造柱截面不应小于 190 mm×190 mm，箍筋直径不应小于 6 mm。构造柱纵向钢筋不应少于 4ϕ12，箍筋间距不应大于 250 mm；9 度时，纵向钢筋不应少于 4ϕ14，箍筋间距不应大于 200 mm。构造柱上下端箍筋加密区长度应不小于 500 mm，层高大于 3 m 时，应不小于净层高的 1/6，箍筋间距不应大于 100 mm。

2 构造柱与砌块墙体连接处应砌成马牙槎，6 度、7 度时，其相邻的孔洞应填实；8 度、9 度时，其相邻的孔洞应插入 1ϕ12 的钢筋并填实；构造柱与砌块墙之间沿墙高每隔 600 mm 应设

置 $\phi4$ 点焊拉结钢筋网片，并沿墙体水平通长设置。

　　3　当预制钢筋混凝土板与墙体构造柱相交时，楼（屋）盖相应部位应设置现浇板带。

　　4　构造柱与圈梁连接处，构造柱的纵向钢筋应置于圈梁纵筋内侧。

　　5　构造柱可不单独设置基础，但应伸入室外地面以下 500 mm 或与基础圈梁相连。

6.2.4　9 度时，在窗台标高处，沿纵横墙应设置通长的水平现浇钢筋混凝土带；其截面高度不应小于 60 mm，纵筋不少于 2ϕ10，并应设分布拉结钢筋，分布拉结钢筋直径不应小于 4 mm，间距不应大于 250 mm；其混凝土强度等级不应低于 C20。

　　水平现浇钢筋混凝土带可采用槽形砌块替代模板，纵筋及拉结筋设置不变。

6.2.5　大梁支座处宜设置芯柱，芯柱灌实孔数不少于 3 个。当 8 度、9 度时，宜在梁支座处墙内设置钢筋混凝土构造柱。

6.2.6　楼梯间墙体除按规定设置芯柱或构造柱外，沿墙高每隔 400 mm 设置 ϕ4 点焊钢筋网片，并沿墙体水平通长设置。楼梯间墙体中部的芯柱间距：6 度时不宜大于 2.0 m，7 度、8 度时不宜大于 1.5 m，9 度时不宜大于 1.0 m。当有突出屋顶的楼梯间时，其楼梯间设置的芯柱或构造柱应延伸到突出屋顶楼梯间顶部，并与顶部圈梁相连接。

6.2.7　预制钢筋混凝土板伸进外墙的长度不应小于 100 mm，伸进内墙的长度不应小于 80 mm，其构造措施应符合本规程第 5.2.6 条的规定。

6.2.8　混凝土小砌块房屋的门窗洞口过梁应采用钢筋混凝土过梁。

6.2.9　混凝土小砌块房屋的钢筋混凝土过梁、出屋面女儿墙、楼梯间及门厅内墙阳角处的大梁支承等抗震措施，尚应符合本规程第 5.2 节的有关要求。

6.3 施工要求

6.3.1 混凝土小砌块墙体施工应符合以下要求:

1 施工前应按房屋设计图纸编绘小砌块平、立面排块图,施工时应按照排块图施工。

2 混凝土小砌块应完整、无破损、无裂缝,产品龄期不应小于 28 天。砌筑时,应清除表面污物,剔除外观质量不合格的小砌块。

3 底层室内地坪以下或防潮层以下的砌体,以及厨房、卫生间等设备的卡具安装处,应采用强度等级不低于 Cb20 的混凝土灌实小砌块的孔洞。

4 当天气干燥炎热时,宜在浇筑前对其喷水湿润;雨天及小砌块表面有浮水时不得施工。

5 混凝土小砌块墙体应孔对孔、肋对肋错缝搭砌。单排孔小砌块的搭接长度应为块体长度的 1/2;多排孔小砌块的搭接长度可适当调整,但不宜小于小砌块长度的 1/3,且不应小于 90 mm。墙体个别部位不能满足上述要求时,应在灰缝中设置拉结钢筋或钢筋网片,但竖向通缝不得超过两皮小砌块。

6 混凝土小砌块墙体宜逐块坐(铺)浆砌筑,应将生产时的底面朝上反砌于墙上。每一楼层芯柱处第一皮砌块应采用开口小砌块;砌筑时应随砌随清除小砌块孔内的毛边,并将灰缝中挤出的砂浆刮净。

7 水平灰缝厚度和竖向灰缝宽度宜为 10 mm,但不应小于 8 mm,也不应大于 12 mm;水平灰缝和竖向灰缝的砂浆饱满度,按净面积计算不应小于 90%。

8 混凝土小砌块墙每日砌筑高度不宜超过 1.4 m。

6.3.2 芯柱施工应符合以下要求:

1 芯柱柱脚部位应采用带清扫口的 U 型、E 型或 C 型等异型小砌块砌筑。

    2   应先砌墙后浇芯柱。

    3   浇筑芯柱时，砌筑砂浆的强度应大于 1 MPa。

    4   浇筑前应清除孔内掉落的杂物，并用水冲淋孔壁。

    5   用模板封闭清扫口时，应有防止混凝土漏浆的措施。

    6   浇筑混凝土芯柱前，应先浇筑 50 mm 厚与灌孔混凝土成分相同不含粗骨料的水泥砂浆。

    7   芯柱混凝土应按连续浇筑、分层捣实的原则进行操作，直浇至离该芯柱最上一皮小砌块顶面 50 mm 止，不得留施工缝，浇筑芯柱时，应边浇边捣实。

    8   芯柱沿房屋高度方向应贯通。当采用预制板时，其芯柱位置处的每层楼面应预留缺口或设置现浇钢筋混凝土板带。

6.3.3   构造柱施工应符合以下要求：

    1   设置构造柱的小砌块墙体，应按绑扎钢筋、砌筑墙体、支撑模板、浇筑混凝土的施工顺序进行。

    2   墙体与构造柱连接处应砌成马牙槎，从每层柱脚开始，先退后进，槎口尺寸为长 100 mm、高 200 mm，墙、柱间的水平灰缝内应按设计要求埋置 $\phi 4$ 点焊钢筋网片。

    3   构造柱两侧模板应紧贴墙面，不得漏浆。柱模底部应预留 100 mm × 200 mm 的清扫口。

    4   构造柱纵向钢筋的保护层厚度宜为 20 mm，不得小于 15 mm。

    5   构造柱浇筑前，应清除砂浆等杂物并浇水湿润模板，然后先浇筑 50 mm 厚与灌孔混凝土成分相同但不含粗骨料的水泥砂浆，再分层浇筑、振捣混凝土，直至完成。凹形槎口的腋部应振捣密实。

7 生土墙结构房屋

7.1 一般规定

7.1.1 本章适用于 6 度时，采用未经焙烧的土坯和夯土为承重墙的单层房屋。生土墙不应采用原始土料制作。

7.1.2 同一房屋不应采用生土墙与砖墙、砌块墙或石墙混合承重的结构体系，不应采用土坯柱的承重方式。

7.1.3 生土墙房屋应建在地势较高或较干燥的地方，室外地面应能随天然地形排除积水，或在房屋周围挖排除积水的排水沟。

7.1.4 生土墙房屋应设置基础，基础顶面应高出室内外地坪300 mm，并设置墙体防潮层。基础应符合本规程第 3 章的相关规定。

7.1.5 生土墙房屋檐口至室外地坪的高度不应大于 3.3 m。

7.1.6 生土墙房屋的墙体厚度、横墙间距和墙体局部尺寸的限值应符合表 7.1.6 的要求。

表 7.1.6　墙体厚度、横墙间距和墙体局部尺寸限值（mm）

墙体类型	墙体厚度	横墙间距	墙体局部尺寸	门窗洞口宽度
土坯墙	≥300	≤3600	≥1400	≤1500
夯土墙	≥400	≤4200	≥1200	≤1500

注：墙体局部尺寸包括窗间墙、外墙尽端至门窗洞口、内墙阳角至门窗洞口的尺寸。

7.1.7 土坯墙房屋横墙间距达 3600 mm，以及夯土墙房屋横墙间距达 4200 mm 的大房间面积不宜超过房屋总面积的 20%，且不应布置在房屋的尽端或转角处。

7.1.8 生土墙的土料应符合下列要求：

1 原始土料应选用杂质少的黏性土，并应进行碎细、晾晒和发酵的人工处理。土料中不应含有 20mm 以上砾石、干硬土块、砖块，不应混有塑料袋、植物茎叶等杂质。

2 土料中应掺入重量比 5%～10%的消石灰粉或水泥。

3 土料中宜掺入砂石骨料，掺量的重量比不宜超过 25%，骨料最大粒径不宜超过 20 mm。

4 控制土料的拌合水应适宜。

7.1.9 土坯应采用模具制作，并应在模具中夯实；土坯的大小、厚薄应均匀；土坯的抗压强度不应小于 0.6 MPa。土坯墙的砌筑泥浆宜采用黏土浆或黏土石灰浆。

7.2 抗震构造措施

7.2.1 生土墙房屋的檐口处应设置木圈梁或配筋砂浆带，山尖墙顶处应设置顺坡的斜向配筋砂浆带，并应符合下列要求：

1 配筋砂浆带的砂浆强度等级不应低于 M5，配筋不应少于 $3\phi6$；配筋砂浆带截面厚度不应小于 60 mm，宽度应与墙顶宽度相同。

2 木圈梁的截面厚度不应小于 50 mm，宽度应与墙顶宽度相同。

7.2.2 当生土墙房屋设置檐口挑梁时，挑梁应压入横墙和山墙内。当檐檩直接搁置在挑梁上时，挑梁压入墙内的长度应不小于挑出长度的 2 倍；当檐檩不直接搁置在挑梁上时，挑梁压入墙内的长度应不小于挑出长度的 1.5 倍。

7.2.3 生土墙房屋的外墙四角和内外墙交接处，应沿墙高每隔 300 mm 左右放置一层竹筋、木条、荆条等编织的拉结网片，每边伸入墙体应不小于 1000 mm 或至门窗洞边，拉结网片在相交处应绑扎；或采取其他加强整体性的措施。

7.2.4 生土墙门窗洞口两侧宜设置厚 30 mm 的木板，门窗框应与两侧的木板和木过梁钉牢。门窗洞口两侧墙体宜沿墙高每隔 500 mm 左右设置水平荆条、竹片等编织的拉结网片，拉结网片从门窗洞边伸入墙体不应小于 1000 mm。

7.2.5 生土墙门窗洞口木过梁应符合下列规定：

1 木过梁截面宽度应与墙厚相同；当洞口宽度小于 1200 mm 时，木过梁截面高度或直径不宜小于 100 mm；当洞口宽度大于 1200 mm 且不大于 1500 mm 时，木过梁截面高度或直径不应小于 120 mm。

2 当采用多根木杆组成过梁时，应采用钉木板、扒钉、铅丝捆绑等方式将各根木杆连接成整体。

3 木过梁在洞口两端支承处应设置垫木；木过梁两端伸入洞口两侧墙体的搁置长度不应小于 300 mm。

7.3 施工要求

7.3.1 土坯墙应采用上下错缝、内外搭砌的卧砌方式砌筑，不应干码或斗砌，错缝或搭砌长度不应小于 60 mm。每天砌筑高度不宜超过 1.2 m。

7.3.2 土坯墙的砌筑应采用挤浆法、铺浆法，不得采用灌浆法。水平砌筑缝厚度应在 12 mm ~ 15 mm 之间，竖向泥浆缝厚度不宜小于 10 mm，砌筑缝的饱满度不应低于 80%，且不应出现透明缝。严禁使用碎砖石填充土坯墙的缝隙。

7.3.3 土坯墙的转角处和纵横墙体交接处应同时咬槎砌筑，当不能同时砌筑而又必须留置的临时间断处，应砌成斜槎，斜槎的水平长度不应小于高度的 2/3（图 7.3.3）。

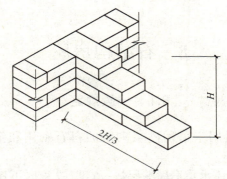

图 7.3.3 土坯墙留斜槎示意

7.3.4 砌筑泥浆不宜过稀，应随拌随用，存放时间不宜超过 6 小时；泥浆在使用过程中出现泌水现象时，应重新拌合。

7.3.5 当砌筑缝中设置有竹筋、木条、荆条等编织的拉结网片时，应将其拉结网片完全埋置于砌筑泥浆中，并压实抹平。

7.3.6 夯土墙墙体模板应有良好强度和刚度，不应产生较大的挠曲或变形。

7.3.7 墙体夯筑时，应分层沿房屋墙体周圈交圈夯筑；纵横墙交接处，应同时交槎夯筑或留踏步槎，不应出现竖向通缝。

7.3.8 夯土墙均应夯筑密实。每板可分 3 次铺土，每次虚铺土料厚度为 200 mm～300 mm，夯击不得少于 3 遍，并夯实至 150 mm～200 mm。夯土墙每日夯筑最大高度不应超过 1.5 m。

7.3.9 夯土墙门窗洞口的施工应符合下列要求：

1 当开设小窗洞口时，应先夯筑整墙后再开洞口。开洞时应轻敲轻凿，不得扰动墙体。当开设较大的门窗洞口时，应采取牢固的支顶措施再夯筑洞口上面的墙。

2 门窗洞口边的拉结材料应在夯筑墙体时放入，并将拉结材料夯实于墙体土料中。

3 当埋设门窗过梁时，应安放门窗过梁后再铺土夯筑。

8 石结构房屋

8.1 一般规定

8.1.1 本章适用于采用砂浆砌筑的料石砌体和毛石砌体承重的房屋。

8.1.2 料石砌体承重房屋的层数：6度、7度时可建两层，8度时可建单层；单层房屋的檐口至室外地坪的高度不应大于3.3 m，两层房屋的层高不应超过3.0 m，料石墙体厚度不应小于240 mm。

8.1.3 6度、7度时，可建单层的毛石砌体承重房屋，房屋檐口至室外地坪的高度不应大于 3.3 m，墙体厚度不宜小于400mm。

8.1.4 房屋的横墙间距：采用木楼（屋）盖时，不应大于5.0 m；采用预制钢筋混凝土板楼（屋）盖时，不应大于 6.0 m；采用现浇钢筋混凝土板楼（屋）盖时，不应大于7.0 m。

8.1.5 门窗洞口间墙宽度、外墙尽端至门窗洞口边距离、内墙阳角至门窗洞口边距离等局部尺寸均不应小于1.2 m。

8.1.6 石砌体房屋的结构体系应符合下列要求：

    1 应优先采用横墙承重或纵横墙共同承重的结构体系。

    2 8度时不应采用硬山搁檩屋盖。

    3 不应采用石板、石梁及独立料石柱作为承重构件，不应采用悬挑踏步板式楼梯。

    4 墙体应沿竖向上下连续，不应采用二层外纵墙外延的结构形式。

8.1.7 石结构材料应符合下列要求：

    1 料石的宽度、高度分别不宜小于240 mm 和220 mm；长度宜为高度的2~3倍，且不宜大于高度的4倍。

2 平毛石应呈扁平块状，其厚度不宜小于 150 mm。

3 毛石墙的毛石形状应较规整。

4 石结构墙体应采用砂浆砌筑，砂浆强度等级不应低于M2.5。

8.1.8 当屋架或梁的跨度大于 4.8 m 时，支承处宜加设扶壁柱或采取其他加强措施，壁柱宽度不宜小于 400 mm，凸出墙面厚度不宜小于 200 mm，壁柱应采用料石砌筑（图 8.1.8）。

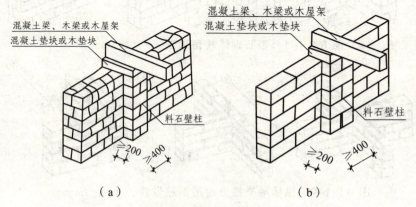

图 8.1.8 料石壁柱砌法（单位：mm）
（a）平毛石墙（注：墙厚≥450 mm 时可不设壁柱）
（b）料石墙体（注：双轨墙体可不设壁柱）

8.2 抗震构造措施

8.2.1 石结构纵横墙交接处应符合下列要求：

1 无构造柱的纵横墙交接处，毛石砌体应每皮设置拉结石（图 8.2.1-1）。

2 纵横墙交接处应咬槎较好；应沿墙高每隔 500 mm ~ 700 mm 设置 $2\phi6$ 拉结钢筋，每边伸入墙内宜不小于 1000 mm 或伸至门窗洞边（图 8.2.1-2）。

3 料石砌体房屋突出屋面的楼梯间，顶层楼梯间纵横墙交接处宜沿墙高每隔 500 mm ~ 700 mm 设 2ϕ6 通长钢筋。

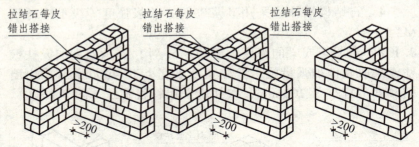

图 8.2.1-1 毛石砌体转角砌法（单位：mm）

图 8.2.1-2 纵横墙交接处拉结钢筋做法（单位：mm）

8.2.2 石结构房屋构造柱设置应符合表 8.2.2 的要求。

表 8.2.2 石结构房屋构造柱设置要求

建筑层数	6 度	7 度	8 度
单层	外墙四角		
	楼梯间四角	大房间四角、楼梯间四角	
两层	外墙四角，楼梯间四角，大房间四角，外墙较大洞口两侧		—
	隔开间横墙（轴线）与外纵墙交接处	每开间横墙（轴线）与外纵墙交接处，山墙与内纵墙交接处	

注：大房间指房间的开间距为 4.2 m 及以上，较大洞口指洞口宽度在 2.1 m 及以上。

48

8.2.3 石结构房屋钢筋混凝土构造柱的构造应符合下列要求：

1 构造柱最小截面尺寸：厚度同墙厚，宽度 200 mm；纵向钢筋：单层房屋应为 $4\phi10$，两层房屋应为 $4\phi12$；箍筋直径不应小于 6 mm，箍筋间距不应大于 250 mm。

2 构造柱与墙体连接处应砌成马牙槎，沿墙高每隔 500 mm～700 mm 设置 $2\phi6$ 拉结钢筋，每边伸入墙内宜不小于 1000 mm 或伸至门窗洞边。

3 构造柱与圈梁连接处，构造柱的纵向钢筋应置于圈梁纵筋内侧。

4 当预制钢筋混凝土板与墙体构造柱相交时，楼（屋）盖相应部位应设置现浇板带。

5 构造柱可不单独设置基础，但应伸入室外地面下 500 mm 或与基础圈梁相连。

6 设置构造柱处必须先砌墙，后浇构造柱混凝土。

8.2.4 楼盖及屋盖处均应沿纵、横墙顶设置钢筋混凝土圈梁。混凝土圈梁截面高度不应小于 180 mm，宽度应与墙体宽度相同，纵向配筋不应少于 $6\phi10$，箍筋直径不应小于 6 mm，箍筋间距不应大于 200 mm。

8.2.5 石结构房屋门窗洞口处应采用钢筋混凝土过梁，过梁支承长度不应小于 240 mm。

8.2.6 出屋面女儿墙的抗震构造措施应按本规程第 5.2.12 条规定执行。

8.3 施工要求

8.3.1 石砌体的施工应符合下列要求：

1 石砌体砌筑前应清除石材表面的泥垢、水锈等杂质。

2 石砌体的石材砌筑前一般不需浇水，当气候干燥炎热时，可适当浇水湿润。

3 石砌体的灰缝厚度应均匀，细料石砌体灰缝厚度不宜大于 5 mm；毛料石和粗料石砌体灰缝厚度不宜大于 20 mm；毛石砌体外露面的灰缝厚度不宜大于 30 mm。

4 无垫片料石和平毛石砌体每日砌筑高度不宜超过 1.2 m；有垫片料石砌体每日砌筑高度不宜超过 1.5 m。

5 已砌好的石块不应移位、顶高；当必须移动时，应将石块移开，将已铺砂浆清理干净，重新铺浆。

6 构造柱应在砌完墙体后再浇筑混凝土，保证构造柱混凝土与石砌体墙间结合紧密。

8.3.2 料石砌体施工应符合下列要求：

1 料石砌筑时，应放置平稳；砂浆铺设厚度应略高于规定灰缝厚度，其高出厚度：细料石、半细料石宜为 3 mm～5 mm，粗料石、毛料石宜为 6 mm～8 mm。

2 料石墙体上下皮应错缝搭砌，错缝长度不宜小于料石长度的 1/3，且不应小于 150 mm；墙内不得出现竖向通缝或直槎。

3 有垫片料石砌体砌筑时，应先满铺砂浆，并在其四角安置主垫，砂浆应高出主垫 10 mm，待上皮料石安装调平后，再沿灰缝两侧均匀塞入副垫。主垫不得采用双垫，副垫不得用锤击入。

4 料石砌体的竖缝应在料石安装调平后，用同样强度等级的砂浆灌注密实，竖缝不得透空。

5 料石砌体在转角和内外墙交接处应同时砌筑。对不能同时砌筑而又必须留置的临时间断处，应砌成斜槎，斜槎的水平长度不应小于高度的 2/3；严禁砌成直槎。

8.3.3 毛石砌体施工应符合下列要求：

1 石料的选择应大小搭配合适，厚薄均匀。

2 砌筑毛石基础的第一皮石块应坐浆，并应大面向下。

3 平毛石砌体宜分皮卧砌，各皮石块间应利用自然形状敲打修整，使之与先砌石块基本吻合、搭砌紧密；应上下错缝、内外搭砌，不得采用外面侧立石块中间填心的砌筑方法；中间不得夹砌过桥石（仅在两端搭砌的石块）、铲口石（尖角倾斜向外的石块）和斧刃石。

4 毛石砌筑时，对石块间存在较大的缝隙，应先向缝内填灌砂浆并捣实，然后再用小石块嵌填，不得先填小石块后填砂浆，石块间不得出现无砂浆相互接触现象。

5 毛石砌体的第一皮及转角处、交接处和洞口处，应采用较大的平毛石砌筑。每个楼层（包括基础）砌体的最上一皮，宜选用较大的毛石砌筑。

6 平毛石砌筑必须设置拉结石（图 8.3.3），拉结石应均匀分布、互相错开；拉结石宜每 0.7 m 墙面设置 1 块，且同皮内拉结石的中距不应大于 2 m。拉结石的长度，当墙厚等于或小于 400 mm 时，应与墙厚相等；当墙厚大于 400 mm 时，可用两块拉结石内外搭接，搭接长度不应小于 150 mm，且其中1 块的长度不应小于墙厚的 2/3。

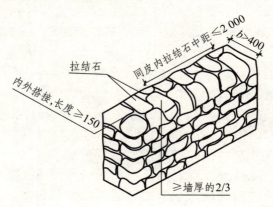

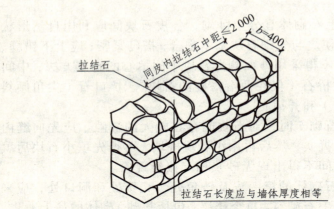

图 8.3.3　平毛石砌体拉结石砌法（单位：mm）

9 木结构房屋

9.1 一般规定

9.1.1 本章适用于穿斗木构架、木柱木屋架、木柱木梁等木结构承重的木楼（屋）盖房屋。

9.1.2 木结构房屋的平面布置应避免拐角或突出；同一建筑不应采用木柱与砖柱或砖墙混合承重。

9.1.3 穿斗木构架、木柱木屋架房屋的层数不应超过两层，檐口高度不应大于 6.6 m；木柱木梁房屋应建单层，檐口高度不应大于 3.3 m。

9.1.4 木结构房屋木柱的横向柱距：6 度、7 度时，不应大于 4.2 m；8 度、9 度时，不应大于 3.6 m。木结构房屋木柱的纵向柱距：6 度、7 度时，不应大于 6.0 m；8 度、9 度时，不应大于 4.2 m。

9.1.5 木结构的楼盖采用间距不大于 600 mm 的楼盖搁栅、木基结构板材的楼面板和木基结构板材或石膏板铺设的顶棚组成。铺设木基结构板材的楼面板时，板材长度方向与搁栅垂直，宽度方向拼缝与搁栅平行并相互错开。楼盖搁栅在支座上的搁置长度不得小于 40 mm，搁栅端部应与支座采用铁钉或直径 8 mm 的扒钉连接，或在靠近支座部位的搁栅底部采用连续木底撑、搁栅横撑或剪刀撑，搁栅间支撑示意如图 9.1.5 所示。

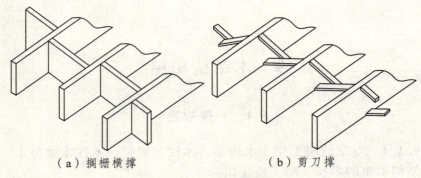

（a）搁栅横撑　　　　　　　　　（b）剪刀撑

图 9.1.5　搁栅间支撑示意

9.1.6 穿斗木构架、木柱木屋架、木柱木梁房屋的梁、柱布置应规则。

9.1.7 木结构房屋围护墙应满足如下要求：

　　1 房屋第二层的围护墙宜采用板材或竹材等轻质材料，不应采用土坯、毛石、砖砌体等作围护墙。

　　2 房屋底层围护墙的厚度应符合本规程砖砌体结构房屋、混凝土小型空心砌块结构房屋、生土墙结构房屋和石结构房屋中墙体厚度的要求，围护墙应贴砌在木柱外侧。

　　3 生土围护墙的勒脚部分，应采用砖、石砌筑，并应采取有效的排水防潮措施。

9.2　抗震构造措施

9.2.1 木结构房屋的柱顶应设置纵向通长水平系杆，系杆应采用墙揽与各道横墙连接或与木梁、屋架下弦连接牢固，墙揽可采用方木、角铁等材料。建筑长度大于 30 m 时，在中段且间隔不大于 20 m 的柱间应设交叉或斜撑。

9.2.2 穿斗木构架应在屋盖中间柱列两端开间和中间隔开间

设置竖向剪刀撑，并应在每一柱列两端开间和中间隔开间的柱与龙骨之间设置斜撑。

9.2.3 木结构房屋的木柱与木屋架连接处应设置斜撑，当斜撑采用木夹板时，与木柱及屋架上、下弦应采用螺栓连接；木柱柱顶应设暗榫插入屋架下弦并用 U 形扁钢连接，如图 9.2.3 所示。

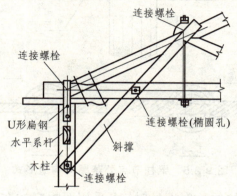

图 9.2.3　木柱与木屋架连接示意

9.2.4 梁与支座应满搭或用木夹板对接，梁在支座上的搁置长度不得小于 90 mm。

9.2.5 穿斗木构架房屋的构件设置及节点连接构造应符合下列要求：

　　1 木柱横向应采用穿枋连接，穿枋应贯通木构架各柱，在木柱的上、下端及二层房屋的楼板处均应设置。

　　2 榫节点宜采用燕尾榫、扒钉连接；采用平榫时应在对接处两侧加设厚度不小于 2 mm 的扁钢，扁钢两端应采用两根直径不小于 12 mm 的螺栓夹紧。

　　3 穿枋应采用透榫贯穿木柱，穿枋端部应设木销钉，梁柱节点处应采用燕尾榫（图 9.2.5）。

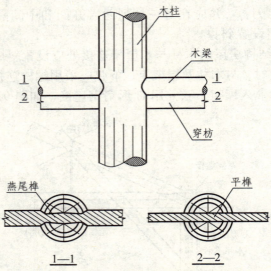

图 9.2.5　梁柱节点处燕尾榫构造形式

4 当穿枋的长度不足时，可采用两根穿枋在木柱中对接，并应在对接处两侧沿水平方向加设扁钢；扁钢厚度不宜小于 2 mm，宽度不宜小于 60 mm，两端应采用两根直径不小于 12 mm 的螺栓夹紧。

5 立柱开槽宽度和深度应符合表 9.2.5 的要求。

表 9.2.5　穿斗木构架立柱开槽宽度和深度

榫 类 型		柱 类 型	
		圆　柱	方　柱
透榫宽度	最小值	$D/4$	$B/4$
	最大值	$D'/3$	$3B/10$
半榫深度	最小值	$D'/6$	$B/6$
	最大值	$D'/3$	$3B/10$

注：D——圆柱直径；D'——圆柱开榫一端直径；B——方柱宽度。

56

9.2.6 房屋底层的围护墙顶处，应根据围护墙体材料的种类选择设置钢筋混凝土圈梁，或木圈梁，或配筋砂浆带，其做法要求应分别按本规程相关要求执行。围护墙内侧的木柱间，应设置交叉木杆或水平木杆等支挡措施，木杆截面宽度不宜小于 50 mm，截面高度不宜小于 120 mm；水平木杆应不少于两道。

房屋第二层的围护墙应采用轻质墙体材料，并应与木柱、木梁钉牢。

9.2.7 房屋底层的内隔墙宜采用轻质墙体材料。当房屋底层围护墙为砖砌体或混凝土小砌块砌体时，内隔墙可采用相同的材料砌体，并应避开木柱且与围护墙连接。其内隔墙的厚度、材料强度等级，以及与围护墙的连接措施等应按砖砌体结构房屋或混凝土小砌块结构房屋的规定执行；当房屋底层围护墙为生土墙或毛石墙时，内隔墙应采用轻质墙体材料，并与木结构牢固连接。

房屋第二层的内隔墙应采用轻质墙体材料，严禁在木结构的木框内和屋架腹杆内砌筑土坯、砖、混凝土小砌块。

9.2.8 柱脚与柱脚石之间宜采用石销键或石榫连接，如图 9.2.8-1 所示；柱脚石埋入地面以下的深度不应小于 200 mm。8 度、9 度时，木柱柱脚应采用螺栓及预埋件扁钢锚固在基础上，如图 9.2.8-2 所示。木柱基础可为混凝土或砖砌体基础，基础高度不应小于 300 mm。混凝土基础的强度等级不应低于 C20；砖砌体基础的砖强度等级不应低于 MU10，砌筑砂浆强度等级不应低于 M5。

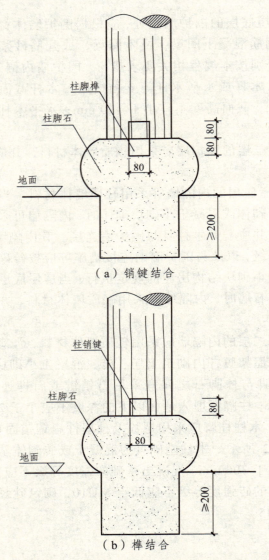

（a）销键结合

（b）榫结合

图 9.2.8-1　柱脚与柱脚石的锚固（单位：mm）

58

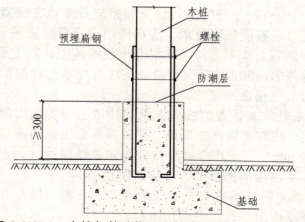

图 9.2.8-2　木柱与基础锚固和柱脚防潮（单位：mm）

9.3　施工要求

9.3.1　木柱的施工应符合下列要求：

　　1　木柱不宜有接头；当接头不可避免时，接头处应采用巴掌榫搭接，并应采用铁套或扁铁局部加强。铁套或扁铁厚度不应小于 2 mm，连接螺栓直径不宜小于 10 mm。

　　2　严禁在木柱同一高度处纵横向同时开槽。

　　3　在同一截面处开槽面积不应超过截面总面积的 1/2。

　　4　穿枋应贯通木构架各柱。

9.3.2　木结构构件的防腐应符合下列要求：

　　1　处于房屋隐蔽部分的木构架，应设置通风洞口。首层木楼盖应设置架空层，方木、原木结构楼盖底面距室内底面不应小于 400 mm，轻型木结构不应小于 150 mm。支承楼盖的基础或墙上应设通风口，通风口总面积不应小于楼盖面积的 1/150。架空空间应保持良好通风。

2 未经防腐处理的梁、檩条和桁架等支承在混凝土构件或砌体上时，宜设防腐垫木，支承面间应有卷材防潮层。梁、檩条和桁架等支座不应封闭在混凝土或墙体中，除支承面外，该部分构件的两侧面、顶面及端面均应与支承构件间留 30 mm 以上能与大气相通的缝隙。

3 未经防腐处理的柱应支承在柱墩上，支承面间应有卷材防潮层。柱与土壤严禁接触，柱墩顶面距土地面的高度不应小于 300 mm。当采用金属连接件固定并受雨淋时，连接件不应存水。木结构的钢材部分，应有防锈措施。

9.3.3 承重构件不应使用有较大变形、开裂，以及有较多腐蚀、虫蛀或榫眼（孔）的旧房木料。

9.3.4 砖砌体、混凝土小砌块砌体、生土墙和石围护墙的施工要求，应分别按本规程第 5 章、第 6 章、第 7 章、第 8 章的相关规定执行。

10 屋盖系统

10.1 一般规定

10.1.1 本章适用于农村居住建筑的木屋盖、现浇钢筋混凝土板屋盖、预制钢筋混凝土板屋盖。当本规程各章对屋盖系统有具体规定时，尚应符合各章的相关要求。

10.1.2 除木结构和生土墙房屋外，6度、7度时，在确保产品质量和施工质量的情况下，可采用预制钢筋混凝土板屋盖；8度时，宜优先采用现浇钢筋混凝土板屋盖；9度时应采用现浇钢筋混凝土板屋盖。

10.1.3 坡屋盖应采用双坡形式，屋面的坡度不宜大于30°。

10.1.4 穿斗木构架、木柱木屋架、木柱木梁房屋应设置端屋架或木梁。

10.1.5 木屋架屋盖应符合下列要求：

    1 木屋架应为几何不变结构，上、下弦及腹杆应齐全，不应采用无下弦杆的人字形或拱形屋架。

    2 房屋两端开间屋架、中间隔开间屋架，应在上弦屋脊节点和下弦中间节点处设置竖向交叉支撑。

    3 屋架下弦中间节点处应设置纵向水平系杆，系杆应与各道屋架下弦中间节点和交叉支撑拉结。

    4 屋架在前后纵墙支承处应与墙体圈梁或墙内构造柱可靠连接。

10.1.6 硬山坡屋盖房屋的屋盖应符合下列要求：

    1 8度、9度时，不应采用硬山搁檩屋盖。

    2 檐口至山墙顶部高度不应大于1.6 m；不应在山尖墙的

范围内开设高窗。

    3 在房屋两端开间、横墙间距超过 6 m 的大开间，以及 7 度时隔开间的山尖墙处，应设置竖向交叉支撑。

    4 檩条在墙顶支承处应满搭，并应采用扒钉相互钉牢；当不能满搭时，应采用木夹板对接，并应采用扒钉相互钉牢。檩条应与埋设在山尖墙顶的檩条垫木可靠连接；房屋两端山墙的端檩应伸出檐口。

    5 山尖墙顶处应设置顺坡的斜向圈梁或配筋砂浆带。

10.1.7 瓦屋面坡度超过 30°时，瓦与屋盖应有拉结；坐浆挂瓦的坡屋面，坐浆厚度不宜大于 60 mm。

10.1.8 屋面应采用轻质屋面，当采用草泥、焦渣屋面时，其厚度：6 度、7 度时不宜大于 150 mm，8 度、9 度时不宜大于 100 mm。

10.1.9 屋盖的连接应符合下列要求：

    1 屋盖构件的支承长度不应小于表 10.1.9 的规定。

表 10.1.9 屋盖构件的最小支承长度（mm）

构件名称	钢筋混凝土预制板		木屋架、木梁	对接木龙骨、木檩条		搭接木龙骨、木檩条
位置	墙上	混凝土梁上	墙上	屋架上	墙上	屋架上、墙上
支承长度与连接方式	100（板端钢筋连接并灌缝）	80（板端钢筋连接并灌缝）	240（木垫板）	60（木夹板与螺栓）	120（砂浆垫层、木夹板与螺栓）	满搭

    2 预制混凝土构件应有坐浆；预制板板缝应采用细石混凝土填实，预制板端头应有堵头。

10.1.10 木屋架、木梁在外墙上的支承部位应符合下列要求：

1 当木屋架、木梁对应位置，在墙体中设有钢筋混凝土圈梁或构造柱时，木屋架、木梁应与圈梁或构造柱中预埋螺栓可靠连接。

2 当木屋架、木梁对应位置，在墙体中无钢筋混凝土圈梁或构造柱时，应符合下列要求：

　　1）搁置在砖墙、混凝土小型空心砌块墙和石墙上的木屋架或木梁下应设置木垫板或混凝土垫块，木垫板的长度和厚度分别不宜小于 500 mm、60 mm，宽度不宜小于 240 mm 或墙厚。

　　2）搁置在生土墙上的木屋架或木梁在外墙上的支承长度不应小于 370 mm，且宜满搭，支承处应设置木垫板；木垫板的长度、宽度和厚度分别不宜小于 500 mm、370 mm 和 60 mm。

　　3）木垫板下应铺设砂浆垫层；木垫板与木屋架、木梁之间应采用铁钉或扒钉连接。

10.1.11 当采用冷摊瓦屋面时，底瓦弧边的两角宜设置钉孔，可采用铁钉与椽条钉牢；盖瓦与底瓦宜采用石灰或水泥砂浆压垄等做法与底瓦黏结牢固。

10.2　抗震构造措施

10.2.1 木屋架坡屋盖的构造应符合下列要求：

1 8 度、9 度时，坡屋盖每开间应设置木屋架。

2 檩条与屋架上弦以及檩条与檩条之间应采用扒钉或 8 号铅丝连接，连接用的扒钉直径：6 度、7 度时宜采用 8 mm，8 度时宜采用 10 mm，9 度时宜采用 12 mm；椽子或木望板应采用圆钉与檩条钉牢。

3 檩条在木屋架上的支承长度当不满足表 10.1.9 要求

时，应在屋架上增设檩托。

　　4　搁置在屋架上弦上的檩条宜采用搭接，搭接长度不应小于屋架上弦的宽度或直径；当檩条在屋架上采用对接时，应采用燕尾榫对接方式，对接檩条下方应有替木或爬木，并采用扒钉或 8 号铅丝连接。

　　5　竖向交叉撑与屋架上、下弦之间及竖向交叉撑中部宜采用螺栓连接（图 10.2.1）；竖向交叉撑两端与屋架上、下弦应顶紧不留空隙。

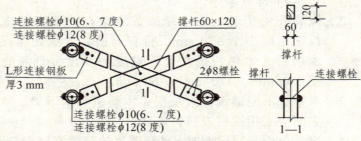

图 10.2.1　木屋架竖向交叉撑（单位：mm）

　　6　双脊檩与屋架上弦的连接除应符合以上条款的要求外，双脊檩之间尚应采用木条或螺栓连接。

　　7　三角形木屋架的跨中处应设置纵向水平系杆，系杆应与屋架下弦杆采用铁钉钉牢；屋架腹杆与弦杆除用暗榫连接外，还应采用双面扒钉钉牢。

10.2.2　当房屋采用硬山搁檩屋盖时，应符合下列构造要求：

　　1　山尖墙顶处应采用 M5 的砂浆顺坡塞实找平，并设置顺坡的斜向圈梁或配筋砂浆带。配筋砂浆带厚度不应小于50 mm，砂浆强度等级不应低于 M5；配筋砂浆带的纵向钢筋不应少于 2ϕ8；钢筋应相互搭接绑扎，钢筋搭接长度不应小于300 mm。

2 檩条在顺坡的斜向圈梁或配筋砂浆带上宜满搭，也可采用夹板加螺栓对接，对接时的支承长度不应小于 120 mm。

3 檩条应与预埋在顺坡的斜向圈梁或配筋砂浆带中的檩条垫木钉牢，垫木应与山尖墙顶顺坡的斜向圈梁或配筋砂浆带牢固连接，垫木厚度不应小于 30 mm，宽度同墙厚，长度不应小于 1.5 倍墙厚。

4 砌体结构：7 度时，山墙的山尖底部应设置钢筋混凝土水平圈梁，外山墙顶部应设置顺坡的斜向钢筋混凝土圈梁；当外纵墙间距超过 6.0 m 时，尚应在外山墙脊檩下方与水平圈梁之间设置钢筋混凝土构造柱。

5 檩条与其上面的椽子或木望板应采用圆钉固定。

6 竖向交叉撑宜设置在中间檩条和中间系杆处；支撑与檩条、系杆之间及支撑中部宜采用螺栓连接；竖向交叉撑两端与檩条、系杆应不留空隙（图 10.2.2）。

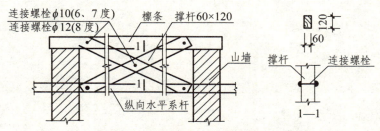

图 10.2.2 屋盖山尖墙竖向交叉撑示意（单位：mm）

10.2.3 当采用现浇钢筋混凝土屋盖时，除应符合本规程第 5.2.7 的相关规定和在板面支座处配置受力钢筋外，板面双向宜另布置直径不应小于 6 mm、间距不应大于 200 mm 的抗裂构造钢筋，抗裂构造钢筋与原板面受力钢筋的搭接长度不宜小于 220 mm。

10.2.4 预制钢筋混凝土板屋盖构造要求应符合本规程第

5.2.6 条、第 6.2.7 条的规定。

10.3　施工要求

10.3.1　木屋架的各杆件除用暗榫连接外,还应用双面扒钉钉牢。

10.3.2　搁置在砖墙上的木檩子下应铺设砂浆垫层。

10.3.3　琉璃瓦、小青瓦的瓦与瓦之间须上下左右搭盖,檐口瓦应与檩条或椽条扎牢。

10.3.4　当采用硬山搁檩屋盖时,山尖墙墙顶处应采用砂浆顺坡塞实找平。

附录 A 砌筑砂浆配合比

砌筑砂浆的配合比以每立方米砂浆中各种材料的质量来表示，一般应由配合比试验确定。无试验条件时，可参考表 A.1、A.2 选用。每次拌制砂浆应按配合比称量，并留有记录。对有条件的地区，宜优先采用预拌砂浆。

表 A.1 混合砂浆配合比参考

砂浆强度等级	水泥强度等级	每立方米材料用量（kg）								
		粗砂			中砂			细砂		
		水泥	石灰	砂	水泥	石灰	砂	水泥	石灰	砂
M2.5	32.5	183	147	1510	190	155	1450	197	163	1390
	42.5	140	190	1510	145	200	1450	151	209	1390
M5.0	32.5	212	118	1510	221	124	1450	229	131	1390
	42.5	162	168	1510	169	176	1450	175	185	1390
M7.5	32.5	242	88	1510	251	94	1450	261	99	1390
	42.5	185	145	1510	192	153	1450	200	160	1390
M10	32.5	271	59	1510	282	63	1450	293	67	1390
	42.5	207	123	1510	216	129	1450	224	136	1390

表 A.2 水泥砂浆配合比参考

砂浆强度等级	水泥强度等级	每立方米材料用量(kg)					
		粗砂		中砂		细砂	
		水泥	砂	水泥	砂	水泥	砂
M2.5	32.5	253	1585	260	1522	268	1459
	42.5	206	1585	212	1522	218	1459
M5	32.5	276	1585	284	1522	292	1459
	42.5	227	1585	234	1522	240	1459
M7.5	32.5	299	1585	308	1522	317	1459
	42.5	248	1585	255	1522	262	1459
M10	32.5	322	1585	332	1522	341	1459
	42.5	268	1585	276	1522	284	1459

注： 1 表中给出的砌筑砂浆配合比按施工水平一般等级考虑，
　　　　砂子的含水率为 5%。
　　　2 各地农村建房时，可根据砂浆各组分的特性、砌筑墙体
　　　　类型、砂浆流动性要求及施工水平等做适当调整。

附录 B 混凝土配合比

混凝土配合比以每立方米混凝土中各种材料的质量来表示，一般应由配合比试验确定。无试验条件时，可参考表 B.1、B.2 选用。每次拌制混凝土应按配合比称量，并留有记录。对有条件的地区，宜优先采用商品混凝土。

表 B.1 混凝土配合比参考（卵石）

混凝土强度等级	卵石粒径（mm）	水泥强度等级	每立方米混凝土材料用量（kg）			
			水	水泥	砂	石子
C15	20	32.5	180	310	651	1209
		42.5	180	250	749	1171
	40	32.5	160	276	651	1263
		42.5	160	222	748	1220
C20	20	32.5	180	383	551	1286
		42.5	180	295	693	1232
	40	32.5	160	340	551	1349
		42.5	160	262	692	1286
C25	20	32.5	180	439	499	1282
		42.5	180	353	594	1273
	40	32.5	160	390	500	1350
		42.5	160	314	593	1333
C30	20	32.5	180	500	482	1255
		42.5	180	400	541	1279
	40	32.5	160	444	449	1347
		42.5	160	356	541	1343

表 B.2　混凝土配合比参考（碎石）

混凝土强度等级	碎石粒径（mm）	水泥强度等级	每立方米混凝土材料用量（kg）			
			水	水泥	砂	石子
C15	20	32.5	195	295	725	1135
		42.5	195	229	770	1156
	40	32.5	175	265	718	1222
		42.5	175	206	788	1181
C20	20	32.5	195	382	645	1199
		42.5	195	279	751	1175
	40	32.5	175	343	627	1274
		42.5	175	250	750	1225
C25	20	32.5	195	443	581	1198
		42.5	195	342	671	1192
	40	32.5	175	398	555	1261
		42.5	175	307	652	1266
C30	20	32.5	195	513	525	1167
		42.5	195	398	623	1188
	40	32.5	175	461	512	1252
		42.5	175	357	607	1261

附录 C 四川省农村居住建筑施工质量验收记录表

编号：

房屋业主姓名			身份证号			
房屋地址						
建筑面积			层数		抗震设防烈度	
施工图备案时间			开工时间		竣工时间	
设计单位名称				设计负责人姓名		
施工单位名称				施工负责人姓名		
监管单位名称				监管人员姓名		
结构类型	屋 盖			楼 盖		
	承重结构			围护墙		
检查情况		检查内容			检查结果	
	结构体系	主要承重构件（墙、柱、梁）位置是否与施工图一致				
		主要承重构件（墙、柱、梁）截面尺寸、配筋是否与施工图一致				
		楼、屋盖类型是否与施工图一致				
		砌体结构中的圈梁、构造柱的位置、截面尺寸、配筋是否与施工图一致				

检查情况	结构材料	主要承重构件（墙、柱、梁）的材料是否与施工图一致	
		钢材、水泥、砖、砌块是否均有质量合格证书	
		未使用不合乎要求的原材料、成品、半成品	
		结构材料是否出现明显异常	
	安全措施	施工中是否采取可靠的安全措施	
	质量缺陷	施工是否出现质量问题	
		发生过质量问题，但已整改，并经设计或监管人员验收合格	
	现场检查	房屋外观质量	
验收意见及确认	房屋业主	签字/手印	时间
	设计负责人	签字/手印	时间
	施工负责人	签字/手印	时间
	监管人员	签字/手印	时间

注：各栏如不够写，可增加附页。

本规程用词说明

1 为了便于执行本规程时区别对待，对要求严格程度不同的用词说明如下：

1）表示很严格，非这样做不可的：

正面词采用"必须"，反面词采用"严禁"；

2）表示严格，在正常情况下均应这样做的：

正面词采用"应"，反面词采用"不应"或"不得"；

3）表示允许稍有选择，在条件许可时首先这样做的：

正面词采用"宜"，反面词采用"不宜"；

4）表示有选择，在一定条件下可以这样做的，采用"可"。

2 条文中指明应按其他有关标准、规范执行的写法为："应符合……的规定"或"应按……执行"。

四川省工程建设地方标准

四川省农村居住建筑抗震技术规程

DBJ 51/016 – 2013

条 文 说 明

制 定 说 明

《四川省农村居住建筑抗震技术规程》DBJ 51/016 – 2013 经四川省住房和城乡建设厅 2013 年 10 月 28 日以川建标发〔2013〕545 号公告批准、发布。

本规程主编单位为四川省建筑科学研究院，参编单位为四川省建筑工程质量检测中心、成都建筑工程集团总公司、四川省建筑新技术工程公司、四川大学、成都理工大学、核工业西南勘察设计研究院有限公司、四川建筑职业技术学院。主要起草人：肖承波、吴体、高永昭、张静、李维、陈华、张新培、朱谷生、覃帮程、赵华、凌程建、李德超　汪建兵、范涛、陈文元。

本规程在制定过程中，编制组认真学习了国家和四川省有关农村建筑抗震设防的法律法规文件，调研了省内农村居住建筑的震害教训及防震、抗震经验，特别是汶川特大地震和芦山强烈地震中农村居住建筑的震害及其分析，总结了我省实施《四川省农村居住建筑抗震设计技术导则（2008 修订稿）》（川建勘设发〔2008〕235 号）、《镇(乡)村建筑抗震技术规程》JGJ 161—2008、《农村危房改造抗震安全基本要求》（建村〔2011〕115 号）、《四川省农村居住建筑设计技术导则（试行）》（川建村镇发〔2013〕115 号）、《四川省农村居住建筑施工技术导则》（川建发〔2012〕14 号）以及国内有关村镇居住建筑的抗震设防工作经验，针对我省农村居住建筑的特点，在广泛征求意见的基础上制定本规程。

本规程依照《中华人民共和国防震减灾法》、《中华人民共和国建筑法》、《关于加强村镇建设工程质量安全管理的若干意见》（建质〔2004〕216 号）以及《关于加强农村村民住宅抗震设防管理的决定》（四川省第十一届人大常务委员会公告第 47 号）、《关于进一步加强防震减灾工作的实施意见》（川府发〔2010〕28 号）、《四川省建设工程抗御地震灾害管理办法》（四川省人民政府令第

226 号）的相关规定，适用于农村体量较小的低层居住建筑，对超越本技术规程适用范围的农村居住建筑，应严格按照国家有关法律、法规和工程建设标准实施监督管理。

为便于广大设计、施工、科研、学校等单位有关人员在使用本规程时能正确理解和执行条文规定，本规程编制组按章、节、条顺序编制了条文说明，供使用者参考。在使用过程中若发现本条文说明中有不妥之处，请将意见函寄四川省建筑科学研究院结构抗震研究所（地址：成都市一环路北三段 55 号，邮政编码：610081）。

目　次

1 总 则

1.0.1 据有关震害调查资料表明,2008 年的汶川特大地震中,仅成都、德阳、绵阳、广元、雅安、阿坝 6 个重灾区的农村房屋倒塌就占城镇倒塌房屋的 81.33%。2013 年的芦山大地震中,龙门乡、清仁乡、宝盛乡、双石镇、太平镇农房几乎全部毁损,其中宝兴县灵关镇大溪乡罗家村的 177 户农房中,只有 1 户农房可以使用,其余均为严重破坏,不具有修复加固价值。而整个雅安灾区遭严重破坏、倒塌或损毁的农房达 15.58 万户。据分析认为,农村自建房毁损十分严重的主要原因在于,没有房屋抗震意识,缺乏农村低层房屋的抗震技术标准和必要的抗震措施,缺乏基本的技术人员和质量监管,房屋结构体系混杂,建筑材料质量低,抗震构造措施不合理,施工质量差等等,导致房屋抗震性能非常弱。

汶川特大地震后,国家对农村居住建筑的抗震安全高度重视,制定和修订了一系列的法律法规文件,如《中华人民共和国防震减灾法》、《四川省防震减灾条例》(四川省第十一届人民代表大会常务委员会公告第 71 号)、《关于进一步加强防震减灾工作的意见》(国发〔2010〕18 号)、《关于加强农村村民住宅抗震设防管理的决定》(四川省第十一届人民代表大会常务委员会公告第 47 号)、《关于进一步加强防震减灾工作的实施意见》(川府发〔2010〕28 号)、《四川省建设工程抗御地震灾害管理办法》(四川省人民政府令第 266 号)等等。这些法律、法规文件均要求加强对农村自建的低层居住建筑抗震设防的管理,完善其抗震设防技术标准,加强对其建设、规划、设计、施工人员的培训。总之,农村居住建筑必须进行抗震设防。为此，针对四川农村自建的低层居住建筑的实际情况，参照《镇（乡）村建筑抗震技术规程》JGJ 161 等技术标准和相关的技术文件制定本技术规程，为提高我省农村居住建筑的抗震能力，减轻农村居住建筑的地震破坏，避免人员伤亡，减少经济损失提供技术支撑。

1.0.2 2006 年，我省颁发了《四川省农村居住建筑抗震设计技术导则》（川建勘设发〔2006〕208 号）。汶川地震后，结合对农村建筑的震害分析，及时对该导则进行了修订，颁发了《四川省农村居住建筑抗震设计技术导则》（2008 修订稿）（川建勘设发〔2008〕235 号），这是在全国较早制定的一本指导农村居住建筑抗震设计的专项技术导则。该导则依据《关于加强村镇建设工程质量安全管理的若干意见》（建质〔2004〕216 号），对农村自建两层（含两层）、建筑面积 300 m² 以内（简称"限额以下工程"）的低层居住建筑提出了抗震设计的技术原则。

《四川省建设工程抗御地震灾害管理办法》规定，乡村建筑工匠按规定承担两层及以下住宅建造。严禁无资质的单位和个人承担村民住宅抗震设计、施工。

按照上述文件规定，对超越"限额以下工程"的建筑，均应严格按照国家有关法律、法规和工程建设强制性标准实施监督管理。本规程是依据上述规定，并结合本省农村居住建筑的实际情况，对"限额以下工程"作出的抗震设防的规定，解决了长期以来农村自建的低层居住建筑抗震设防无技术标准依据的问题。

1.0.3 建筑的抗震设防目标是指建筑遭遇不同水准的地震影响时，对结构构件、使用功能损坏程度及人身安全控制的总要求。我国《建筑抗震设计规范》GB 50011 以 50 年地震发生概率的统计分析，提出"小震不坏、中震可修、大震不倒"的抗震设防三水准目标。所谓"小震"即多遇地震，超越概率约为

63%，比基本烈度约低一度半，这时要求房屋结构不受损坏。"中震"即设防地震，超越概率约为 10%，是本地区规定设防烈度的地震，是本地区抗震设防的依据。"大震"即罕遇地震，超越概率约为 2%～3%，当基本烈度为 6 度时为 7 度强，7 度时为 8 度强，8 度时为 9 度弱，9 度时为 9 度强。由于罕遇地震发生的可能性小，要保证房屋结构在此强震作用下不损坏，则经济投入相当大，此时允许有所损坏，但主体结构不致倒塌，将人员伤亡和财产损失降低到最低限度，则是较经济合理的。

本规程在制订抗震设防目标中，进行了多方征求意见和多次讨论。认为农村居住建筑是村民生活时间最长、最频繁和财产积聚的场所，因此，农村居住建筑的抗震设防目标应与《建筑抗震设计规范》GB 50011 确定的"三水准"基本抗震设防目标保持一致。再则，本规程针对的是体量小的"限额以下"农村居住建筑，在本规程的各章节中对不同的结构体系提出抗震措施，更有针对性，抗震构造措施更具体；对呈逐渐淘汰趋势的生土墙建筑、毛石墙房屋，采取限制使用等等。这样处理使农村居住建筑主体结构达到"三水准"的抗震设防目标在技术及经济上都是能实现的。在条文中，对于遭遇"多遇地震"和"设防地震"的损坏，以及震后修理的估计表述，较现行的《建筑抗震设计规范》GB 50011 表述稍重些，这是考虑到农村居住房屋中存在生土墙、毛石墙等抗震性能差的房屋，即使按本规程的要求进行了抗震设防，也有可能出现稍重的损坏。即便如此，也是在"三水准"设防目标的控制范围内。

1.0.4 历次震害调查表明，6 度时建筑就有损坏，7 度及以上时建筑物的破坏性逐级增大。因此，6 度及以上地区的房屋必须采取抗震措施，而且必须强制执行。国家相关文件规定，抗震设防地区是指地震基本烈度为 6 度及 6 度以上的地区（地震动峰值加速度≥0.05g 的地区）。本条内容与《镇（乡）村建筑抗震技术规程》JGJ 161—2008 第 1.0.4 条相同，与《建筑抗震设计规范》GB 50011—2010 第 1.0.2 条要求一致。

1.0.5 《中华人民共和国防震减灾法》第三十四条规定，国务院地震工作主管部门负责制定全国地震烈度区划图或者地震动参数区划图。由此可见，法律规定了作为抗震设防的依据和图件，如地震烈度区划和地震动参数区划图，其审批权限，由国家有关主管部门依法确定，必须强制执行。本条内容与《镇（乡）村建筑抗震技术规程》JGJ 161—2008 第 1.0.5 条、《建筑抗震设计规范》GB 50011—2010 第 1.0.4 条相同。

1.0.6 一般情况下，抗震设防烈度均采用《建筑抗震设计规范》GB 50011 标示的抗震设防烈度，但《建筑抗震设计规范》GB 50011 标示的抗震设防烈度是县级及县级以上城市中心地区的抗震设防烈度，对于区域较大的县市，其行政区划内的地震基本烈度可能有所差异，可能高于或低于该县市中心城区的地震基本烈度。再则，有些地区进行了县市区域抗震防灾规划，可能对区域内不同地区的地震基本烈度进行了较细的复核划分，也不同于县市中心城区地震基本烈度。汶川地震、芦山地震后，省级具有审批权限的部门对部分区域的地震动参数进行了较细的划分、调整和明确，并已颁布实施。因此，对于经省级具有审批权限的部门批准调整地震动参数的地区，应按批准后的地震动参数及对应的抗震设防烈度进行设防。

1.0.7 农村居住建筑应满足正常使用条件下承载能力的要求，这是建筑的基本安全条件。对于抗震设防区的农村居住建筑抗震设防，考虑到农村一般技术人员或工匠的技术水平的现实情况，采取尽可能避免和减少繁琐的抗震计算，多从抗震概念设计和加强抗震构造措施的途径，保证其房屋的抗震安全。本规程除钢筋混凝土框架结构房屋规定需进行抗震计算外，在各章节中对不同结构的房屋抗震概念设计和抗震构造措施均提出了具体的要求。这些抗震概念设计和抗震构造措施均是从历次地震中大量的农村居住建筑震害调查分析总结提炼出的，是农村居住建筑行之有效的抗震措施。所谓"一般情况下"是指房屋的使用功能限定为居住，其楼（屋）盖荷载限定为现行国家标准《建筑结构荷载规范》GB 50009 对居住建筑荷载的允许值。房屋在满足正常使用条件下承载能力的要求，并满足本规程的要求时，可不再进行抗震计算。当房屋改变其居住使用功能，用作库房或局部用作库房或其他用途，其荷载超过正常的居住建筑荷载允许值时，应进行正常使用条件下的承载能力验算和抗震验算。

2 术语和符号

地震震级是指衡量一次地震所释放能量大小的尺度；地震烈度是指地震对地表及工程建筑物影响的强弱程度；地震基本烈度是指未来 50 年，一般场地条件下，超越概率 10%的地震烈度，按《中国地震动参数区划图》确定。

本章明确了抗震设防烈度、抗震措施与抗震构造措施的定义。对农村居住建筑的各类结构形式进行了界定，明确了各结构类型的定义及所包含的基本形式，并对主要抗震构造措施进行了说明，解释了本规程所采用的主要符号的意义。

3 基本规定

3.1 场地和地基

3.1.1 地震对建筑物的破坏作用是通过场地、地基和基础传递给上部结构的，同时，场地与地基在地震时又支撑着上部结构。历次地震震害表明，地震造成建筑的破坏，除地震动直接引起结构破坏外，另一重要的原因则是场地条件。在具有不同工程地质条件的场地上，建筑物的震害程度是明显不同的。因此，在选择建筑场地时，应选择对抗震有利地段或一般地段，尽量避开不利地段，严禁在危险地段建造房屋。对不利地段应由各县级住房和城乡建设部门组织勘明场地状况，并提出切实有效的处理方案后方可进行农房的建设。

据《2012 年四川地理省情公报》报道，汶川地震以龙门山断裂带为中心，覆盖汶川县、北川羌族自治县、绵竹市、什邡市、青川县、茂县、安县、都江堰市、平武县、彭州市、广元市利州区、广元市朝天区、崇州市、大邑县、江油市 15 个重灾县（市、区）面积约 3.43 万平方千米。汶川地震对核心灾区地表造成不同程度的水平偏移和垂直形变。其中，水平偏移以震中附近的龙门山断裂带最为明显，断裂带西侧地区向东偏移，东侧地区向西偏移，两侧形成挤压趋势。水平偏移量一般为 0.2 m～1.0 m，平均偏移量 0.6 m；向东最大偏移量为 2.3 m，位于汶川县银杏乡；向西最大偏移量为 2.4 m，位于北川县擂鼓镇，距北川老县城约 3 km 处。垂直形变同样以震中附近、龙门山断裂带最为明显，断裂带西侧地区呈抬升趋势，东侧地区呈沉降趋势。垂直变化量一般为 0.02 m～0.4 m，平均变化量为 0.13 m；

最大抬升量为 1.2 m，位于汶川县银杏乡；最大沉降量为 0.7 m，位于平武县平通镇（与北川交界处）。汶川地震中地震地质灾害尤为严重，由于建筑场地的选择不当，给人民的生命和财产带来了极其惨重的灾害。青川县红光乡东河口村大滑坡，滑坡纵向长度 3000 多米，横向宽度最长 600 多米，高 40 m ~ 80 m，220 多户 700 多人受灾，其中死亡 14 人，310 多人失踪。

无可非议，勘明建筑场地的地震危险性，避开在危险地段建造房屋，以及合理地选择有利建筑场地及地基，是避免和减轻地震对建筑物破坏的首要环节。《四川汶川地震灾后农村房屋恢复重建选址技术导则》（川办发〔2008〕36 号）规定，农村房屋恢复重建选址应尽量选择建筑抗震有利地段（稳定基石，坚硬土，开阔、平坦、密实、均匀的中硬土等）；避开危险地段（地震时可能发生滑坡、崩塌、泥石流部位）；对不利地段（软弱土，液化土，条状突出的山嘴，高耸孤立的山丘，非岩质的陡坡，河岸和山坡的边缘，平面分布上岩土性质状态明显不均匀的土层，如古河道、疏松的断层破碎带、暗埋的塘浜沟谷和半填半挖地基等）应先查明场地状况，有针对性地采取处理措施后方可建设。

一般认为，对抗震有利的地段是指地震时地面无残余变形的坚硬或开阔平坦密实均匀的中硬土范围地区；而不利地段是指可能产生明显变形或地基失效的某一范围或地区；危险地段是指可能发生严重地面残余变形的某一范围或地区。

3.1.2 据有关资料表明，2008 年，汶川地震在地震发生的短短一分多钟时间内，地壳深部的岩石中形成了一条长约 300 km、深达 30 km 的大断裂，其中的 200 余公里出露地表，形成沿映秀—北川断裂分布的地表破裂带。该带从映秀镇以南开始向东北方向延伸，经北川县，过平通镇和南坝镇，终止在青川县的石坎乡附近。另外，龙门山与成都平原交界的都江

堰　江油断裂带也发生了 60 多公里的破裂。地震地表破裂带延伸方向是从西南到东北，断裂面向西北方向倾斜，相对于四川盆地，龙门山沿这条地表破裂带既有向上的运动，又有向东北方向的运动，其最大垂直错距和水平错距分别达到 5 m 和 4.8 m，沿整个破裂带的平均错距可达 2 m 左右。在地表破裂带经过之处，所有的山脊水系和人类建筑均被错断毁坏，并形成大量的滑坡、山崩、泥石流等地质灾害，与之相对应的地表均是震灾最严重的地方。可见，在发震断裂带对其上的建筑物的危害是相当大的。有关部门对 13 个国家的历史地震资料统计分析表明，当地震烈度在 8 度及 8 度以上时，才会出现地表破裂，因此，根据大量地震实例综合分析结果确定，在地震烈度为 8 度或 8 度以上，以及土层覆盖厚度较小时，才考虑地表对工程建筑的影响是较为适宜。

对于农村居住建筑，原则上是尽可能采取避让发震断裂带，如按其提高 1 度进行抗震设防和加强基础和上部结构的整体性，将会带来较大的经济负担。

3.1.3 据有关资料报道，1966 年云南东川地震，位于河谷较平坦地带的新村，烈度为 8 度，而邻近一个孤立山包顶部的疗养院，其烈度不低于 9 度。1970 年通海地震，位于孤立的狭长山梁顶部的房屋，其震害反映出来的烈度，比附近平坦地带的房屋高出 1 度左右。辽宁海城地震，从位于大石桥盘龙山高差 58 m 的两个测点所测得的强余震加速度峰值记录表明，位于孤独地形上的加速度峰值比坡脚平地上的大 1.84 倍。可见，在孤独山顶地震波将被放大。《建筑抗震设计规范》GB 50011 从宏观震害经验和地震反应分析结果所反映的总趋势，大致可以归纳为几点：1. 高突地形距离基准面的高度愈大，高处的反应愈强烈；2. 离陡坎和边坡顶部边缘的距离愈大，反应相对减小；3. 从岩土构成方面看，在同样地形条件下，土质结构的反应比岩质结构大;4.高突地形顶面愈开阔,远离边缘的中心部位的反应是明显减小的;5.边坡愈陡,其顶部的放大效应相应加大。

　　鉴于本规程针对的是低层的农村居住建筑,要明确地规定各种情况下地震动参数的放大作用的实际操作是困难的,因此,本条结合震害经验,规定确需在这些抗震不利地段建造房屋时,其抗震措施应按本地区抗震设防烈度提高 1 度采用。

3.1.4　自然状态下即可满足承担基础全部荷载要求,不需要人工处理的地基即天然地基。天然地基土分为四大类:岩石、碎石土、砂土、黏性土。液化土是指地震时,由于瞬间突然受到巨大地震力的强烈作用,砂土层中的空隙水来不及排出,空隙压突然升高,致使砂土层突然呈现出液态的物理性状,导致地基承载力大大下降。砂土液化主要表征为地震时的喷砂冒水、岸堤滑塌和地面开裂下沉现象。饱和松散的砂土和粉土,属于可液化土,淤泥和淤泥质等软土是一种高压缩性土,抗剪强度低。这类土在强烈地震动下,导致土体向基础两侧挤出,造成上部结构急剧沉降和倾斜。唐山大地震中,就有不少的建筑因淤泥和淤泥质等软土或砂土液化造成建筑房屋向一侧倾斜、房屋四周的室外地坪隆起的震害报道。汶川地震中,砂土液化的震害报道很少。大量的震害调查资料表明,砂土在地震震动下是否产生液化,与土壤类型、状态,以及地震强度等级和距震中的距离都有密切关系,强度等级低于 5 级的地震,很少有砂土液化的震害报道。

　　鉴于四川省地理地质的多样性、复杂性,以及丰富水系的情况,在建造房屋时还是应注意避免砂土液化的危害。

3.1.5　当地基为软弱土、可液化土、湿陷性黄土、膨胀土、冻胀土、新近填土或严重不均匀土层时,必须进行地基处理。地基处理方案应根据当地土质条件、房屋层数、荷载情况等综合考虑。一般情况下,可采用垫层换填法进行地基处理。换填法又叫换土垫层法，是将原基底土层(一般为软弱土层)挖除，然后用质量较好的土料等分层夯实，是一种浅层处理方法。对于村镇建筑的浅基础，采用垫层换填是一种有效的解决方法，但应保证换填的范围和深度才能达到预期的效果。垫层底面宽度的规定是为了满足基础底面压力扩散的要求，顶面宽度的规定主要是考虑施工的要求，避免开挖时边坡失稳。

3.1.6 湿陷性黄土又称大孔土，具有大孔结构，粉粒含量在60%以上，并含有大量可溶盐类，在一定压力下受水浸湿，可溶盐类物质溶解，土结构会迅速破坏，并产生显著附加下沉，这种现象即称为湿陷。膨胀土是一种黏性土，黏粒成分主要由亲水性强的蒙脱土和伊利土等矿物组成，具有吸水膨胀、失水收缩、胀缩变形显著的变形性质，遇水膨胀隆起，失水则收缩下沉并干裂。当地基土中水分发生剧烈变化时，上部结构墙体会因地基不均匀胀缩变形产生 X 形剪切裂缝，形态类似于地震引起的裂缝。不经处理的湿陷性黄土和膨胀土地基的变形性质对上部结构会造成不利影响。鉴于四川地区局部存在黄土和膨胀土的情况，本规程制定了该条规定。

3.2 基 础

3.2.1 根据《农村危房改造抗震安全基本要求(试行)》、《建筑抗震设计规范》GB 50011、《镇(乡)村建筑抗震技术规程》JGJ 161、《四川省农村居住建筑抗震设计技术导则》等技术文件的相关规定，本条强调同一栋房屋的基础应采用同一类型，基础底面应设在同一标高，否则应按 1∶2 的台阶逐步放坡并增设基础圈梁。

3.2.2 农村房屋层数低，上部结构荷载较小，对地基承载力的要求相对不高，在满足地基稳定和变形要求的前提下，基础宜浅埋，这样施工方便、造价低。在实际操作中，基础埋置深度应结合当地情况，考虑土质、地下水位及气候条件等因素综合确定。

3.2.3 基槽开挖后应尽早封闭，避免暴晒和雨水浸泡而导致岩层加速风化。

3.2.4 当新建房屋的基础埋深大于相邻原有房屋时，新建房屋会对相邻房屋产生影响，甚至会危及原有房屋的安全或正常使用。因此，新建房屋建造时应通过地基的状况、基础形式和埋置深度，以及相邻原有房屋结构状况的具体分析，考虑适当的安全距离。当新建房屋基础埋深大于相邻原有房屋基础时，一般情况下可通过现场实际综合分析后，按两基础的距离应不小于基底高差的两倍确定。

3.2.5 对于墙体承重的农村居住房屋，宜采用无筋扩展基础，包括毛石基础、混凝土基础、砖放脚基础、灰土基础等。考虑到大量的农村居住房屋是低层，并以墙体承重或木构架承重的房屋，不太可能采用混凝土基础，故未列出混凝土基础的要求。对采用混凝土结构的农村居住房屋的基础设置，应按本规程第4章钢筋混凝土框架结构房屋的相关规定实施。石灰粉为气硬性材料，在大气中能硬结，但抗冻性能较差，因此灰土基础只适用于地下水位以上和冰冻线以下的深度。三合土适用于土质较好、地下水较低的地区。

3.2.6 毛石属于抗压性能好，而抗拉、抗弯性能较差的脆性材料。毛石基础是刚性基础，刚性基础应具有很大的抗弯刚度，受弯后基础不允许出现挠曲变形和开裂。因此，设计时必须保证基础内产生的拉应力和剪应力不超过相应的材料强度设计值，这种保证通常是通过限制基础台阶的宽高比来实现的。要求砌筑毛石基础时的第一皮石块应坐浆并将大面向下，砌筑料石基础时的第一皮石块应采用丁砌并坐浆砌筑，主要是为使毛石基础和料石基础与地基或基础垫层黏结紧密，保证传力均匀和石块平稳。卵石表面光滑，影响与砌筑砂浆的黏结性能，因此应凿开使用。

3.2.7 砖基础和混凝土小型空心砌块基础是农村居住建筑中常采用的基础形式。由于房屋基础是房屋安全最基本的保障，以及基础受地基、地下水及地表浸水等各种环境因素的影响，对基础的材料强度等级要求不宜过低，不应采用蒸压灰砂砖和蒸压粉煤灰砖。当采用混凝土小型空心砌块作基础时，应采用强度等级不低于 Cb20 的混凝土将砌块的孔洞灌实。

3.2.8 灰土基础是用经过消解的石灰粉和过筛的黏土，按一定体积比，洒适量水拌合均匀，然后分层夯实而成。三合土基础由石灰、黄砂、骨料(碎砖、碎石)，按一定体积比，洒适量水拌合均匀，然后分层夯实而成。根据农村建房的实际条件和经验，灰土、三合土拌合的拌合水控制，通常采用以手紧握成团，两指轻捏又松散为宜。过大的拌合水不但使夯筑施工困难，而且增大灰土、三合土基础的收缩性，导致开裂破坏。过小的拌合水，将不利于石灰粉的迅速水化，影响墙体土的黏性，同时也给夯筑施工带来困难。分层夯筑是为了保证夯筑的密实，分层过厚的虚铺，将导致下部土料难以夯筑密实。

3.2.9 原则上墙体承重房屋的基础材料宜采用与上部墙体相同的材料，且材料的强度等级不应低于上部墙体材料的强度等级。但在地基土质不好或地下水位较高的场地建造生土墙或毛石墙时，房屋的基础应采用石砌基础、砖基础或混凝土小型空心砌块基础。此时，房屋基础顶面宽度应不小于上部墙体的厚度。

3.2.10 对于农村低层居住房屋，除地基土可能出现不均匀沉降而又不能避开外，一般情况下可不要求设置地圈梁，但当房屋的地基局部存在软弱土、杂填土，以及半挖半填土等情况，虽经处理仍可能发生不均匀沉降时，应设置基础圈梁。此时，基础圈梁可与墙体的防潮层合并设置，即基础圈梁的设置同时考虑墙体防潮层的作用。

3.2.11 基础施工完后应及时回填土方，以避免雨水、积水等对基础的侵蚀和破坏。回填时，应沿基础墙体两侧同时均匀回填、夯实，防止仅在一侧过度回填夯筑，导致基础向另一侧变形而发生破坏。

3.3 结构体系和抗震构造措施

3.3.1 本条推荐了农村较为普遍采用的几种房屋结构体系。同时，禁止在抗震设防区采用空斗砖墙承重形式，以及对生土墙房屋、毛石墙房屋的应用作出了限制。

有关资料表明，由于空斗墙体的砖块之间砂浆黏结面不到实心砖墙的一半，其墙体的抗震能力也不到实心砖墙的一半，加之空斗墙体纵横墙、内外墙交接较为薄弱，其房屋的抗震性能极差。在我国历次地震中，空斗墙承重房屋的震害均较其他承重结构房屋的震害要重得多，因此，在抗震设防区早已规定禁止采用。

生土墙房屋的墙体材料强度低、易开裂是其性能最大的不利特性。四川农村建造生土墙的土质黏性差、杂质多，由于气候潮湿，生土墙房屋建造完后快则半年，慢则一年墙体就会逐步出现无法克服的开裂，而且随着时间的推移和雨水的浸湿等，墙体开裂越加严重。曾有一些单位尝试采用合理的砂土级配和掺加黏合材料的办法改良生土墙的土质材料性能，但对改进生土墙收缩稳定性和耐候性的效果并不明显，反而增加了房屋建造的技术难度和造价成本。再则，对生土墙的连接构造措施也不像砖和砌块砌体那样好处理，生土墙对连接件（无论是木材、钢筋、荆条还是竹材）几乎不具黏结握裹作用。这些房屋在地震前就留下了抗震的安全隐患，在四川及云南历次地震中，生土墙房屋在6度时就出现较为普遍的墙体开裂，或者墙体震前的开裂越加严重，而且无法修补。7度时，这类房屋达到中等破坏的较为普遍，严重破坏和倒塌的比例也不小。有关单位进行的生土墙缩尺模型墙体拟静力试验结果表明，在7度时已超过开裂荷载。试验结果和历次震害经验表明，生土墙的抗震性能太差，不宜在抗震设防区应用。在过去，我国四川和云南地区的农村，由于经济条件所限，农村房屋较多的是土坯墙、夯土墙等生土墙房屋，随着我国改革开放的进程，农村经济条件得到了显著的改善，新建的农村房屋多采用砖墙或砌块墙，生土墙房屋已逐步趋于淘汰，但在偏远及经济条件差的地区尚有新建的生土墙房屋。因此，鉴于我省农村生土墙房屋的状况和部分农村地区经济条件所限的原因，将生土墙限制在6度区是合适的，并且要求采用改良的灰土土料制作墙体土料，不采用原始土料的生土墙房屋，以确保安全。

在四川甘、阿、凉地区，尚有采用毛片石、毛卵石，以夹层（墙体内外表面整齐，中间填泥砂、小石块、杂土）方式和采用泥浆或掺有少量石灰的泥浆砌筑的墙体。这种墙体的抗震性能与生土墙同样太差，在汶川特大地震中倒塌不少。鉴于毛石尚有一定的强度的情况，本规程对毛石墙的砌筑方式和砌筑砂浆作出了规定，因此，尚可在7度区采用，但在8度及以上的高烈度区也不应采用。

鉴于四川地区农村的经济条件、地理气候和风土习俗的具体情况，以及轻钢结构的制作和建造的专业技术等，在自建低层的居住建筑采用轻钢结构体系尚需有待探讨，因此，本规程未列出轻钢结构体系。

3.3.2 大量的农村建筑震害经验表明，农村建筑工匠在考虑房屋建造方案时，多从承受重力荷载的角度考虑，没有地震作用传递和采取相应抗震措施的意识，导致惨重的震害。本条目的在于要求抗震设防区建造的房屋，其结构体系应考虑抗震设防的概念要求。

3.3.3　国内外多次地震的震害经验表明，对体形复杂、不规则、不完整，平面局部凸出或凹进，以及立面高低错落的建筑，其地震震害均较体形规则、完整的建筑震害要严重，导致震害加重的原因主要是地震作用在建筑平面变化拐角处产生的应力集中，以及房屋翼缘在地震作用下发生的差异侧移等。对于农村居住建筑，常见的不规则平面多见于几户组合的 L 形、U 形，对于这种组合型的房屋，其房屋的体量基本都超过了"限值以下"的范围，应按国家《建筑抗震设计规范》GB 50011 的要求实施。鉴于本规程针对的是"限值以下"体量小的农村居住建筑，采用抗震缝分割会增加房屋的造价和施工难度，因此，房屋不应采用显著的不规则平面及立面，对于稍有不规则的部位则应在相应的部位采取加强抗震措施。

3.3.4　汶川地震农村建筑震害调研表明，较多农村建筑中存在不同材料构件混合承重的房屋。如有的穿斗木结构房屋的两端省去端排架，而采用砖砌体或混凝土小型空心砌块砌体作为承重山墙；有的采用木柱与砖柱、木柱与石柱混合的承重结构；有的采用砖、混凝土小型空心砌块、煤渣小砌块、土坯砖和夯土墙混用组砌墙体等。震害调研表明，这些房屋的震害表现多为端开间倒塌，不同材料连接部位严重开裂、错位、局部塌落。其原因是不同材料构件的震动特性和抗震性能的差异、块材模数和砌筑方式的差异。本条强调的是承重结构应采用相同材料构件，对于围护墙采用其他材料的情况应不受此条所限，但对围护墙的要求，以及围护墙与主体结构的连接要求应符合本规程有关条款的规定。

3.3.5　加强主体结构构件之间的连接是加强房屋结构体系整

体性、提高其抗震能力的必要措施。

3.3.6 在农村居住建筑中，往往认为房屋中的内隔墙不承重而多采用 120 mm 厚的砖墙，或采用由标准砖组砌的 180 mm 厚砖墙。这些内隔墙虽然不承受竖向的重力荷载，但由于具有一定的刚度，地震时将分担一定的水平地震作用。由于 120 mm 厚的砖墙其自身稳定性就不能满足要求，组砌的 180 mm 厚砖墙中立砖与卧砖的黏结难以保证等等原因，导致这些内隔墙在地震作用下出现大量倒塌的震害。因此，在抗震设防区不应采用 120 mm 厚和组砌 180 mm 厚的砖墙，宜采用轻质的板材作为隔墙材料。当采用砖和混凝土小型空心砌块作隔墙材料时，其墙体厚度和抗震构造措施与承重墙体的要求基本一致。

3.3.7 木屋架和硬山搁檩的屋盖系统加设斜撑、竖向交叉撑（又称竖向剪刀撑）可增强屋盖系统横向与纵向空间的稳定性。

对于木结构房屋的围护墙与主体结构的连接问题，处理不好往往导致墙倒架歪斜，甚至倒塌。我省较多木结构房屋的围护墙采用砖砌体、土坯砌体、毛石砌体和夯土墙等，贴砌于木结构架外或嵌砌于木结构架构之中，并要求采取措施加强围护墙与木结构牢靠连接。历次地震震害表明，过度加强木结构与这些围护墙连接的不合理做法，其结果是围护墙没保住，木结构主体结构也损失惨重。汶川地震和芦山地震中，这类房屋较多见的震害是木构架杆件断裂、墙倒屋歪甚至倒塌。但也有的木结构房屋，其贴砌的围护墙倒塌而木构架完好。究其原因是由于木结构与砌体或生土围护墙的震动特性不一致，以及变形能力的较大差异，在地震作用下，相互间产生不协调震动和变形的不利影响。因此，本条有别于其他标准特别提出，木结构房屋的砌体或生土围护墙首先应保证墙体自身的稳定，且应采用贴砌的方式。围护墙与主体结构的连接应掌握的原则是，当围护墙的破坏可能通过连接件对主体结构产生安全影响时，连接件应先失效，断开围护墙将作用力传递到主体结构的路径，保证主体结构不致严重破坏或倒塌。

3.3.8 砌体房屋的墙体是承受水平地震作用的构件，开洞过大会减小墙体的抗剪面积，从而削弱墙体的抗震能力。因此，控制墙体上的开洞率和宽度，是避免因局部墙体失效导致房屋倒塌的有效措施。

大量的房屋震害表明，纵墙承重房屋的震害均较横墙承重或纵横墙共同承重的房屋要重得多。这是由于横墙承重或纵横墙共同承重的房屋，其横墙开洞较少，又有纵墙作为侧向支撑，以及楼板与墙体嵌固连接等，使地震作用的传递较为合理，提高了房屋整体的抗震能力。

同一片墙体上窗洞大小应尽可能一致，窗间墙宽度尽可能相等或相近，并均匀布置，避免各墙段之间刚度相差过大引起地震作用分配不均匀，从而使承受地震作用较大的墙段率先破坏。

汶川地震震害调研表明，有的房屋在横墙和内纵墙上开过大的洞口，导致墙体严重开裂或局部塌落。有的房屋过度追求视野效果，在房屋一侧的纵墙上设置过大的门窗或门带窗。更多的两层横墙承重房屋，在底层一侧的纵墙上开大门洞，甚至完全取消纵墙，以用作营业的小商店。这类房屋的震害均是相当惨重的，主要表现为或是墙体严重开裂、或是房屋纵向歪斜、或是墙体局部塌落甚至房屋倒塌。建造者往往误认为横墙承重房屋的纵墙仅起围护和稳定横墙的作用，忽略了纵墙在地震中是抗御纵向地震作用的关键结构构件。因此，当纵墙严重削弱的房屋遭到地震袭击时，纵墙首先遭到破坏，进而直接影响横墙的稳定和房屋的抗震能力。房屋纵向地震作用传递到各纵墙后，将按各窗间墙的侧移刚度再行分配地震作用力，侧移刚度大的窗间墙将承受较多的地震作用力而先行破坏，进而导致窗间墙被各个击破，降低纵墙和房屋的抗震能力，危及房屋整体的抗震安全。历次地震震害经验以及建筑抗震科研试验结果均表明，合理布置墙体、保证和提高墙体的抗震能力是墙系承重结构房屋抗御地震的关键措施。因此，本条第 3 款对在墙体上开门窗洞提出了双控规定，即开洞的总截面面积占墙体总截面面积的比例和门窗洞口的宽度要求。

汶川地震再一次证明，合理设置圈梁和构造柱对于提高墙系承重结构房屋的整体性和抗震能力是行之有效的抗震措施。房屋四大角墙体刚度大，水平地震作用产生的应力集中，是房屋抗震的薄弱环节；楼梯间是地震时人员安全疏散的通道。因此，应在房屋四大角和楼梯间四角设置构造柱，以提高房屋抗震能力和保证地震时楼梯间逃生通道的安全。

悬墙是指大开间的房间布置在底层，第二层的墙体设置在楼盖的梁上或楼板上，沿竖向对应的下层没有墙体的情况。房屋的纵横墙沿竖向上下连续贯通，可使地震作用的传递更为直接合理。否则，上层墙体承担的地震作用力将通过梁或楼板传递至下层的两侧墙体，这就要求梁、楼板及其支撑的墙体采取相应的加强措施，势必增加房屋造价。

依据《四川省农村居住建筑抗震设计技术导则》及其所做的研究成果，对两层房屋允许第二层外纵墙外延的构造作出规定。我省砖混结构的农居建筑其第二层外纵墙多为外延，尤其是在村庄、集镇以及沿路、沿街的农居建筑。这类农居建筑方便了农民的生活、经营、生产的习惯，较受农民的欢迎，但由于其第二层外纵墙外延，使底层外纵墙与第二层外纵墙上下不连续，以及底层纵向两侧纵墙布置差异较大，导致地震作用传力途径不合理。考虑到这类农居建筑体量较小，且较受村民欢迎的实际情况，结合课题组对这类农居建筑典型房屋的研究成果和震害调查，并从抗震安全角度进行分析，对这类居住建筑一是限制在 8 度及其以下的抗震设防区采用，二是针对这类结构的薄弱环节采取了加强措施。这些加强措施中的材料强度等级均符合现行抗震规范的基本要求，抗震墙的间距、构造柱的设置、外墙转角及内外墙交接处的拉结、楼屋盖及悬挑结构构件等的要求比现行抗震规范的要求更严。经研究认为，采取这些措施后，这类建筑的抗震承载能力及抗震安全是满足要求的。

在我省农村建房中较为普遍采用混凝土预制构件，尤其在楼盖、屋盖中普遍采用预应力混凝土空心板。本规程编制组分析认为，砌体结构房屋的楼屋盖采用整体现浇钢筋混凝土，不但能杜绝或减少预制板产品、运输和吊装、安装施工等环节的质量问题，还能有效地加强楼屋盖和房屋的整体性。但在地震震害调查中发现，在采用预制楼屋盖板的砖混结构住宅中，其震害现象大多为"墙倒楼（屋）盖塌"，完全因楼屋盖预制板断裂、板端滑落的震害现象并不多见。因此，提高采用预制构件房屋的抗震性能，关键在于保障预制构件产品的质量和提高安装施工质量。鉴于此，本规程规定在8度时宜优先采用现浇钢筋混凝土楼屋盖，9度时应采用现浇钢筋混凝土楼屋盖。

3.3.9 本条明确了生土墙和毛石墙承重的房屋，不应设置出屋面楼梯间，这是因为如设置出屋面楼梯间，需要采取更多的抗震构造措施，而实际中又难于做到。对于某些平屋顶的利用，可设置检修孔作上下通道。

3.3.10 没有可靠连接的突出屋面的烟囱、女儿墙、房屋附属的装饰物等局部突出的非结构构件，在地震中是最容易破坏的部位。震害表明，在6度区这些构件就有损坏和塌落，7、8度区破坏就比较严重和普遍，易掉落砸物伤人。因此减小高度或采取拉结措施是减轻破坏的有效办法。

本条既限制了7度及以下时无锚固的女儿墙和砌体烟囱的出屋面高度，也提出了8度及以上时，以及超过高度限值、处于人员出入口位置的女儿墙和砌体烟囱三种情况，均应采取措施防止坠物伤人。

3.4 结构材料

3.4.1 房屋结构材料的质量是保证结构安全可靠性的基本要求。因此，在建造房屋时，应保证所使用的结构材料质量符合国家相关标准的要求。鉴于农村建房所使用的材料供应厂家、渠道及采购方式较为复杂和不规范的情况，建房者和施工方均应索取材料供应厂家出具的质量合格的证明文件。其目的一是保证房屋所使用的材料质量符合国家相关标准的要求，二是当出现质量问题时可追溯责任。

3.4.2、3.4.3 综合了《建筑抗震设计规范》GB 50011、《农村危房改造抗震安全基本要求（试行）》、《镇(乡)村建筑抗震技术规程》JGJ 116、《四川省农村居住建筑抗震设计技术导则》、《四川省农村居住建筑设计技术导则（试行）》、《四川省农村居住建筑施工技术导则》等文件的规定，鉴于本规程适用的房屋对象的特点，采用区分不同抗震设防烈度对砌体块材的强度等级、砌筑砂浆强度等级提出不同的要求。本规程采用区分不同抗震设防烈度对砌体块材和砌筑砂浆的强度等级提出不同的要求，并作出适当的调整，从而更为科学合理、安全可靠、经济适用。

3.4.4 本条是对混凝土构件的混凝土强度等级提出的要求，与农村建房的相关文件中对混凝土强度等级的要求保持了一致。

3.4.5 鉴于目前国家推广新型钢筋的政策导向，以及市场上钢筋供应的状况，本规程列出几种符合抗震要求的钢筋，供选择采用。对于农村自建房屋，特别强调在承重结构构件中不应使用废旧钢材，不应采用人工砸直的方式进行加工处理的要求。由于废旧钢材的品种不详以及腐蚀导致钢材性能的退化等因素，用于承重结构构件将会造成结构构件的安全隐患。人工砸直钢筋将会改变钢筋的直径和力学性能，因此当需要对钢筋进行调直时，应采用机械调直。

3.4.6 在农村房屋建造中，由于经济条件、管理和质量意识等因素，乱用和误用过期水泥和质量不合格的水泥所导致的质量事故时有发生，因此，在结构材料中强调严禁使用过期或质量不合格的水泥是保证结构安全可靠性的重要措施之一。

3.4.7 如前所述，提高采用预制构件的房屋的抗震性能，关键在于保障预制构件产品的质量和提高安装施工质量。当采用预制钢筋混凝土构件时，其构件产品的质量必须符合国家现行相关标准和房屋设计的要求，外观质量不应有严重缺陷，不应有影响结构性能和安装、使用功能的尺寸偏差。

3.4.8 本条是综合《建筑抗震设计规范》GB 50011、《农村危房改造抗震安全基本要求（试行）》、《四川省农村居住建筑施工技术导则》、《四川省农村居住建筑设计技术导则（试行）》的相关要求制定的。

3.4.9 本条强调生土墙房屋的土料宜采用灰土土料，不宜采用未经处理的原始土料制作生土墙土料。生土墙原始土料的人工处理，包括碎细、晾晒和发酵，土料中宜掺入一定比例的粒径不大的砂石骨料，以及消石灰粉或水泥等胶结料。

3.4.10 我省农村中，采用料石（细料石、粗料石）建造的房屋不多见，而大多采用毛石（毛块石、毛片石、毛卵石）建造单层房屋或房屋的围护墙。对毛石而言，过于细长、扁薄、尖锥的石材易断裂，要求其石材中部的厚度不小于 150 mm。卵石由于其表面光滑，在砌筑墙体时与砌筑砂浆难以牢靠黏结，因此，当采用卵石砌筑墙体时，应对表面光滑的卵石进行凿开等人工处理。

3.5 施工及验收

3.5.1 鉴于农村自建的低层居住建筑的设计及管理尚未按照城市建筑一样纳入工程建设系统的管理现状，农村居住建筑的抗震设计可能存在深度不够的问题，此时房屋的施工方应与设计方和房主多进行沟通和协商，对不明确的事项应按照本规程和相关标准的要求逐一明确，在此基础上制订有效的施工方案，避免盲目施工导致不必要的纠纷。

3.5.2 确保施工材料、产品符合要求是保证房屋施工质量的前提。施工方组织采购时，对采购的材料、产品应向供应商（厂家）索取相应的质量合格证明文件；如房主自行采购时，施工方也应要求房主提供相应的质量合格证明文件。对不符合质量要求的材料、产品不得进入房屋施工现场使用。

3.5.3 本规程不但对农村居住建筑抗震措施提出了要求，还在各类结构房屋的章节中有针对性地制订了施工要点。本条强调施工中应按照各类结构抗震措施的施工要点要求，采取有效的质量控制措施，确保采取的抗震措施的质量符合要求。质量记录是施工质量证明文件之一，特别是某些隐蔽的抗震构造措施的施工，在隐蔽前应组织相关人员做好质量检验，并做好记录。

3.5.4 本条强调当施工中出现结构构件存在抗震安全隐患的质量问题时，要求施工方应及时会同设计人员商定处理措施，并负责整改至合格。出现这类问题时，不可盲目封闭修复，应会同设计人员判定质量问题的影响因素、影响程度和影响范围，根据这些判定，提出切实有效的整改方案及措施。

3.5.5 本条是对农村居住建筑的施工安全提出的要求。农村居住建筑虽然体量不大，但同样涉及用电、防火、搭设脚手架、抬吊等施工安全的问题，施工方应遵照国家有关标准的规定制订施工安全方案和措施，配备安全防护器材，加强施工安全的标识、宣传、培训和监督，防范发生施工安全事故。

3.5.6 《农村危房改造抗震安全基本要求（试行）》（建村〔2011〕115号）的印发通知中指出，农村危房改造项目竣工后，农户按照施工合同约定需组织验收的，村镇建设管理员要积极提供帮助和指导《四川省农村居住建筑施工技术导则》第9.0.1条规定，农村居住建筑按农房建设设计通用图或由具有资质的设计单位出具的设计图施工完后，房主应按设计图对自建农房进行验收，验收合格后方可交付使用。

房屋采取的抗震措施及其实施，是抗震设防区房屋建造的专项内容，与房屋建造同步实施。因此，抗震设防区房屋的施工及安全，以及竣工验收，应按照上述技术文件的规定执行，同时应满足本规程提出的专项要求，一并组织实施。

4 钢筋混凝土框架结构房屋

4.1 一般规定

4.1.2 在装配式楼、屋盖的抗震构造措施中，楼板的搁置长度、楼板相互间的拉结以及楼板与梁的拉结，是保证楼、屋盖与主体框架整体性的重要措施。

4.1.3 当采用钢筋混凝土框架结构房屋时，应依据房屋的抗震设防烈度确定框架的抗震等级，并根据抗震等级采取相应的抗震计算内力调整和抗震构造措施。由于农村居住建筑体量较小，抗震等级为二级的抗震措施要求，也能满足9度时的抗震要求，因此，9度时的钢筋混凝土框架抗震等级不再提高，可按抗震等级为二级确定。

4.1.4 柱下独立基础连系梁的设置，可以加强基础的整体性，调节各基础间的不均匀沉降，消除或减轻框架结构对沉降的敏感性。

一般情况，拉梁宜设置在基础顶面，其梁顶标高与基础顶面标高相同，当拉梁底标高高于基础顶面时，应避免在拉梁与基础之间形成短柱；当拉梁距基础顶面较远时，拉梁应按拉梁层（无楼板的框架楼层）进行设计，并参与结构整体计算，抗震设计时，拉梁应按相应抗震等级的框架梁设置箍筋加密区。

4.1.5 发生强烈地震时，楼梯间是重要的紧急逃生竖向通道，楼梯间（包括楼梯板、填充墙体）的破坏会延误人员撤离及救援工作，从而造成严重伤亡。因此对楼梯间的设置提出了要求。

4.1.6 钢筋混凝土框架结构房屋结构布置灵活多变，各结构构件受力情况各异，因而构件截面尺寸及配筋各不相同，难以对构件的截面尺寸和配筋进行统一归纳。因此，本规程规定，钢筋混凝土框架结构房屋应根据房屋具体结构布置情况，依据相关规范进行抗震验算，确定各构件的截面尺寸及配筋。不仅能确保结构的安全，也能有的放矢，节约成本。

4.2 抗震构造措施

4.2.1 应合理控制混凝土结构构件的截面尺寸，梁、柱的截面尺寸，应从整个框架结构中梁、柱的相互关系，在强柱弱梁基础上提高梁变形能力的要求等来处理。

4.2.2、4.2.4 根据试验和震害经验，梁端的破坏主要集中于（1.5～2.0）倍梁高的长度范围内；当箍筋间距小于 $6d～8d$（d 为纵向钢筋直径）时，混凝土压溃前受压钢筋一般不至屈服，延性较好。因此规定了箍筋加密区的最小长度，限制了箍筋最大间距、肢距和箍筋的最小直径。考虑到农房的实际情况，对梁端加密区肢距较《建筑抗震设计规范》GB 50011 适当放松。

4.2.3 梁端底面和顶面纵向钢筋的比值，对梁的变形能力有较大影响。梁端底面的钢筋可增加负弯矩时的塑形转动能力，还能防止在地震中梁底出现正弯矩时过早屈服或破坏过重，从而影响承载力和变形能力的正常发挥。

4.2.5 对柱的最小截面尺寸加以限制，有利于实现"强柱弱梁"。

4.2.8 框架柱的弹塑性变形，主要与柱的轴压比和箍筋对混凝土的约束程度有关。本条对加密区范围、箍筋肢距和非加密区间距进行了规定。

对于封闭箍筋与两端为 135°弯钩的拉筋组成的复合箍，约束效果最好的是拉筋同时钩住主筋和箍筋，其次是拉筋紧靠纵向钢筋并钩住箍筋；当拉筋间距符合箍筋肢距的要求，纵筋和箍筋有可靠拉结时，拉筋也可紧靠箍筋并钩住纵筋。

考虑到框架柱在层高范围内剪力不变及可能的扭转影响，为避免箍筋非加密区的受剪能力突然降低很多，导致柱的中段破坏，对非加密区的最小箍筋量也作了规定。

4.2.9　在汶川地震和芦山地震中，框架结构中的填充墙均有较大的震害，其主要表现为填充墙对结构产生的影响破坏和填充墙自身的破坏。填充墙对结构产生的影响，主要为填充墙的布置对框架结构的刚度、内力和变形的影响。研究表明，均匀满布填充墙对框架结构抗震总体上是有利的，而填充墙平、立面不均匀布置对框架结构抗震不利，其约束效应易对柱产生附加剪力和短柱破坏。通过在填充墙内设置拉结筋、构造柱、水平系梁等一系列措施，提高填充墙与框架结构间的整体性以及填充墙自身的整体性，可有效减轻地震时填充墙的震害，防止填充墙出现整体倒塌。

　　对于人流量较大的通道、楼梯间的填充墙，除采取上述相应的抗震措施外，还应对填充墙采用钢筋网砂浆面层进行加强。

4.2.10　突出屋面的烟囱、女儿墙等局部突出的非结构构件，如果没有可靠的连接，在地震中是最容易破坏的部位。因此，减小高度或采取拉结措施是减轻破坏的有效手段。

4.3　施工要求

4.3.1　混凝土结构施工中，往往因缺乏设计规定的钢筋型号（规格）而采用另外型号（规格）的钢筋代替，此时应注意替代后的纵向钢筋的总承载力设计值不应高于原设计的纵向钢筋总承载力设计值，以避免造成薄弱部位的转移，以及构件在有影响的部位发生混凝土的脆性破坏（混凝土压碎、剪切破坏等）。

　　除按照上述等承载力原则换算外，还应满足最小配筋率和钢筋间距等构造要求，并应注意由于钢筋的强度和直径改变会影响正常使用阶段的挠度和裂缝宽度。

4.3.2 无论是采用何种材料制作的模板，其接缝都应保证不漏浆。木模板浇水湿润有利于接缝闭合而不致漏浆，有利于混凝土构件面层不致失水而开裂，但因浇水湿润后膨胀，因此，木模板安装时的接缝不宜过于严密。模板内部和与混凝土的接触面应清理干净，以避免夹渣等缺陷。

由于过早拆模、混凝土强度不足而造成混凝土结构构件沉降变形、缺棱掉角、开裂、甚至塌陷的情况时有发生。为保证结构的安全和使用功能，提出了拆模时的混凝土强度要求。考虑到农房的施工质量，对其拆模时的混凝土强度从严要求。

4.3.3 为了加强对钢筋外观质量的控制，钢筋进场时和使用前均应对外观质量进行检查。弯折钢筋不得敲直后作为受力钢筋使用。钢筋表面不应有颗粒状或片状老朽，以免影响钢筋强度和锚固性能。

钢筋调直宜采用机械调直方法，其设备不应有延伸功能。当采用冷拉方法调直时，应按规定控制冷拉率，以免过度影响钢筋的力学性能。

4.3.4 混凝土施工缝不应随意留置，确定施工缝位置的原则为：尽可能留置在受剪力较小的部位；留置部位应便于施工。

养护条件对于混凝土强度的增长有重要影响。混凝土浇筑完毕，应在浇筑完毕后的 12 小时以内对混凝土加以覆盖并保湿养护，养护时间不得少于 7 天。

混凝土外观质量的严重缺陷通常会影响到结构性能、使用功能和耐久性，对出现的严重缺陷，应根据缺陷的具体情况采取可靠的处理方案进行处理。外观质量的一般缺陷通常不会影响到结构性能、使用功能，但有碍观瞻，故对出现的一遍缺陷，也应及时处理。

5 砖砌体结构房屋

5.1 一般规定

5.1.1 根据《砌体结构设计规范》GB 50003—2011，砌体结构类别和应用范围有所扩大。主要增加了混凝土普通砖和混凝土多孔砖等新型材料砌体。

5.1.2 在较多的规定中，多是对承重墙体作出了规定和要求，但对于房屋抗震而言，大多数非承重的纵墙（横墙承重）是抗御纵向地震作用的主要结构构件。因此，本条规定所有采用砖砌体的墙体（无论是承重，还是非承重）厚度均不得小于 240 mm。

5.1.3 基于砌体材料的脆性性质和震害经验，限制其层数和高度是主要的抗震措施。考虑到蒸压灰砂砖和蒸压粉煤灰砖砌体的抗剪强度低于普通砖和多孔砖砌体的抗剪强度，故房屋的层数和总高度限值比普通砖和多孔砖砌体房屋适当减少。

5.1.4 砌体房屋的横向地震力主要由横墙承担，地震中横墙间距大小对房屋抗震能力影响很大，不仅横墙需具有足够的承载力，而且楼盖须具有传递地震力给横墙的水平刚度，本条规定为了保证楼盖对传递水平地震力所需的刚度要求，结合《建筑抗震设计规范》GB 50011、《农村危房改造抗震安全基本要求（试行）》、《四川省农村居住建筑抗震设计技术导则》、《四川省农村居住建筑设计技术导则（试行）》等的要求，根据农村居住建筑的实际状况，作了适当的调整。

5.1.5 砌体房屋局部尺寸的限制，在于防止因这些部位的失效，而造成整栋结构的破坏甚至倒塌。本条规定明确了尺寸不足的小墙段的最小值限制。当局部墙肢设有构造柱时，局部尺寸可包括构造柱的尺寸。

5.1.6 圈梁能增强房屋的整体性，提高房屋的抗震能力，是抗震的有效措施。本条对圈梁的设置提出了明确的要求。强调圈梁宜采用钢筋混凝土圈梁，而不推荐钢筋砖圈梁，强调横墙圈梁的设置间距，以及允许不另设圈梁的条件。从大量的房屋震害调查表明，合理设置圈梁与构造柱共同工作，可极大地提高房屋的整体性和抗震能力。

5.1.7 震害调查充分表明，构造柱与圈梁共同的作用，对于加强砌体结构房屋的整体性、提高砌体结构的延性和抗倒塌能力具有显著的效果。因此，对于低层农村居住建筑，在房屋的关键部位合理设置构造柱是必要的。

5.1.8 本条利用四川省建筑科学研究院的相关研究和震害调研成果，对两层砖砌体房屋的第二层一侧外纵墙外延作出规定。规定 9 度时不应采用第二层外纵墙外延的形式，对 6 度、7 度、8 度时的外延尺寸（墙体轴线）必须限制，并且应采取一系列的加强构造措施。

5.2 抗震构造措施

5.2.1 本条明确了钢筋混凝土圈梁的截面和配筋等构造要求。

5.2.2 本条明确了钢筋混凝土构造柱的截面、配筋、与墙体的连接等构造要求。由于钢筋混凝土构造柱的作用主要在于对墙体的约束，构造上截面不必很大，但须与各层纵横墙圈梁或现浇楼板连接，才能发挥约束作用。

5.2.3 ~ 5.2.7 砌体房屋楼、屋盖的抗震构造要求，包括楼板搁置长度，楼板与圈梁、墙体的拉结，屋架（梁）与墙、柱的锚固、拉结等，是保证楼、屋盖与墙体整体性的重要措施。

5.2.8 据有关震害调查资料报道，无筋的砖砌平过梁或砖砌拱形过梁，在地震中低烈度区就会发生破坏，出现裂缝，严重时过梁脱落。因此，在抗震设防区不应采用无筋砖过梁。钢筋砖过梁在 7 度、8 度地震区，以及 6 度区跨度较大(1.5 m 以上)时，就会出现破坏，在 9 度地震区破坏则较为普遍。本条鉴于农村居住建筑的现状，规定了 6 度时，宽度等于或大于 1200 mm 门窗洞口，以及 7 度、8 度、9 度的门窗洞口，均应采用钢筋混凝土过梁，并规定了过梁在墙上的支承长度。

5.2.9 本条规定了在 6 度时采用钢筋砖过梁的截面、配筋等构造要求。

5.2.10 楼梯间由于比较空旷，在地震中常常破坏严重。突出屋顶的楼梯间，地震中受到较大的地震作用，因此在构造措施上需要特别加强。

5.2.11 预制悬挑构件，特别是较大跨度时，需要加强与现浇构件的连接，以增强稳定性。本条明确了楼盖悬挑阳台构件的有关构造要求，并对悬挑长度作了严格的限制。

5.2.12 本条提出了无论是超高（大于 500 mm）还是不超高（不大于 500 mm），均应设置女儿墙压顶砂浆带，对超高、处于人员出入口的女儿墙，要求设置构造柱。

5.2.13 震害调查发现，楼梯间及门厅阳角的大梁支承处，地震破坏较严重，对梁的支承长度进行限制，避免局部墙段损坏影响梁的支承。

5.3 施工要求

5.3.1 砖砌筑前浇水是砖砌体施工工艺的一部分，砖的湿润程度对砌体的施工质量影响较大。提前浇水湿润不仅可以提高砖与砌筑砂浆之间的黏结力，提高砌体的抗剪强度，也可以使砂浆强度正常增长，提高砌体的抗压强度。同时，适宜的含水率还可以使砂浆在操作面上保持一定的摊铺流动性能，便于施工操作，有利于保证砂浆的饱满度。这些对确保砌体施工质量和力学性能都是十分有利的。烧结类块体的相对含水率应为60%～70%；混凝土多孔砖及混凝土普通砖不需浇水湿润，但在气候干燥炎热的情况下，宜在砌筑前对其喷水湿润。其他非烧结类块体的相对含水率应为40%～50%。现场检验砖含水率的简易方法采用断砖法，当砖截面四周融水深度为 15 mm～20 mm 时，视为符合要求的适宜含水率。

5.3.2 本条规定是为了确保施工期间砖砌体的正常变形不至于影响砖墙的砌筑质量。

5.3.3 砂浆层的厚度和饱满度对砖砌体的抗压强度影响很大。灰缝横平竖直，厚薄均匀，既是对砌体表面美观的要求，尤其是清水墙，又有利于砌体均匀传力。试验研究表明，灰缝厚度还影响砌体的抗压强度。例如对普通砖砌体而言，与标准水平灰缝厚度 10 mm 相比较，12 mm 水平灰缝厚度砖砌体的抗压强度降低 5%；8 mm 水平灰缝厚度砖砌体的抗压强度提高6%。对多孔砖砌体，其变化幅度还要大些。因此规定，水平灰缝的厚度不应小于 8 mm，也不应大于 12 mm，这也是一直沿用的数据。水平灰缝砂浆饱满度不小于 80%的规定沿用已久。砖砌体施工中的透明缝、瞎缝和假缝对砌体构件的抗震性能和房屋的使用功能会产生不良影响。多孔砖的孔洞垂直于受压面，能使砌体有较大的有效受压面积，有利于砂浆结合层进入上下砖块的孔洞中产生 "销键" 作用，提高砌体的抗剪强度和砌体的整体性。总之，本条规定可以保证砖均匀受压，避免受弯、受剪和局部受压状态出现。

5.3.4 砖砌体转角处和交接处的砌筑和接槎质量，是保证砖砌体结构整体性能和抗震性能的关键之一，汶川、芦山等地震震害充分证明了这一点。对交接处同时砌筑和不同留槎形式接槎部位连接性能的试验分析，证明同时砌筑的连接性能最佳。

5.3.5 埋入砖砌体中的拉结筋是保证房屋整体性的重要构造措施，应保证其施工质量。

5.3.6 为确保砌体墙与构造柱的连接，以提高抗侧力砌体墙的变形能力，要求施工时先砌墙后浇筑钢筋混凝土构造柱。

6 混凝土小型空心砌块结构房屋

6.1 一般规定

6.1.1 本条明确本章节的适用范围。

6.1.2 小砌块指混凝土小型空心砌块,是普通混凝土小型空心砌块和轻骨料混凝土空心砌块的总称,简称小砌块。普通混凝土小型空心砌块以碎石和击碎卵石为粗骨料,简称普通小砌块,主规格尺寸一般为 390 mm × 190 mm × 190 mm,空心率在 25% ~ 50% 之间。

6.1.3 根据有关科研资料和抗震设计规范的规定,混凝土小砌块房屋性能基本与其他砌体结构类同。

砌体材料属于脆性材料,材料强度低,变形能力差,水平地震作用是导致砌体结构房屋破坏的主要因素,房屋的高度与房屋的抗震能力直接相关,考虑省内农房建设的实际情况,并结合汶川地震及芦山地震的震损调查情况,本条对小砌块房屋的高度及层高提出了更加严格的要求。

本规程综合上述文件的规定,规定了不同抗震设防区房屋的总高和层数,在满足表 6.1.3 的前提下,又对层高作了规定。对于使用功能为居住性质的农村房屋,即使是底层可能兼备家庭小经营功能,其层高为 3.9 m 也是合适的。

6.1.4 当横墙间距较大时,预制板楼盖或木楼盖的刚度相对较低,楼盖把地震力传递给横墙的能力相对较差,部分地震力将垂直作用在纵墙上,从而导致纵墙平面外受弯,严重时导致墙体受弯破坏。弯曲破坏的特征为水平弯拉破坏,首先在窗口下沿的窗间墙等薄弱部位出现水平裂缝,严重时墙体外闪导致房屋倒塌。通过历次震害调查表明，横墙间距越大的房屋，震害越严重。横墙的分布决定了房屋的抗震能力，故本规程对小砌块房屋的横墙间距提出了明确的要求。

本规程中加强圈梁、构造柱等抗震措施的状况，根据相关技术文件的规定，作了适当的调整。本规程根据我省农村中采用现浇钢筋混凝土楼（屋）盖的状况越来越多的现象，在《镇(乡)村建筑抗震技术规程》的基础上，增加了现浇钢筋混凝土楼（屋）盖的情况。对于居住性质的农村房屋而言，多以 3.3 m 左右为开间距，局部（如客厅等）可能出现两个开间距的大开间，再大开间距的居住房屋几乎没有，同时考虑我省的实际情况，本规程提出了更加严格的横墙间距。

6.1.5 小砌块砌体房屋的局部尺寸限值，主要是防止由于墙体局部尺寸不足，这些部位的破坏失效，而造成整栋房屋的破坏甚至倒塌。结合震害调查经验，并借鉴相关规范标准，本条对我省农村房屋墙体的局部尺寸限值给出了更加严格的要求。

6.1.6 根据震害调查结果，现浇钢筋混凝土或装配式钢筋混凝土楼盖的约束效果较好，可不另设置钢筋混凝土圈梁。但为加强砌体房屋的整体性，楼盖沿抗震墙体周边均应加强配筋并应与相应的构造柱可靠连接。

6.1.7 为增强小砌块房屋的整体性和延性，提高抗震能力，并结合小砌块的特点，本条规定了在墙体适当部位设置钢筋混凝土芯柱的构造措施。

本条同时规定，表 6.1.7 中要求设置芯柱的部位可采用构造柱替代。相关实验表明，在墙体交接部位使用构造柱替代芯柱，可较大程度地提高对砌体的约束能力，同时也方便了施工，质量更容易保障。

6.1.8 考虑我省农村房屋的修建特点，本条规定在满足一定条件的基础上允许两层建筑的二楼一侧外纵墙外延。在《四川省农村居住建筑抗震设计技术导则》的基础上和结合震害调查，规定 9 度时不应采用第二层外纵墙外延的形式，对 6 度、7 度、8 度时的外延尺寸（墙体轴线）必须限制，并且应采取一系列的加强构造措施。

6.1.9 对于房屋的附属构筑物，如烟囱等，本条提出相应要求，防止此类构筑物在地震过程中倒塌伤人或对房屋造成危害。

同样对于无锚固的钢筋混凝土预制挑檐，本规程严禁使用。

6.2 抗震构造措施

6.2.1 本条分别给出了各设防烈度区域内圈梁的基本构造要求，设防烈度越高的区域，要求越严格。

6.2.2 本条给出了小砌块墙体内芯柱的基本构造要求。当芯柱伸入室外地面以下 500 mm，地下部分为砖砌体时，可采用类似构造柱的做法。

砌块房屋墙体交接处、墙体与构造柱、芯柱的连接均要设置钢筋网片，以保证连接的有效性。

6.2.3 本条给出替代芯柱的构造柱的基本要求，同砖砌体构造柱的做法基本相同。小砌块马牙槎部位浇灌混凝土后，需形成无插筋的芯柱。

砌块房屋墙体与构造柱的连接同样需要设置钢筋网片，以保证连接的有效性。

6.2.4 9 度设防区，在窗台标高增设通常的钢筋混凝土带，以增强结构抗震的整体性。为便于施工，本条允许水平现浇钢筋混凝土带采用槽形砌块替代模板。

6.2.5 结合震害调查结果，并参照相关规范成果，本条要求宜在大梁支承处设置芯柱或构造柱，以利防止墙体局部受压破坏。

6.2.6 楼梯间墙体为抗震的薄弱环节，为保证疏散通道的安全，本条提出对楼梯间墙体的特殊要求，如加密设置芯柱、增大梯梁的支撑长度等。

结合震害调查结果，楼梯间的破坏往往比较严重，必须采取有效的措施保证人民生命财产安全，对芯柱等构造措施提出了更加严格的要求。

6.2.7 因小砌块墙体的厚度为 190 mm，因此对预制板在墙上的支承长度进行单独规定。

6.2.9 小砌块房屋其他抗震构造要求可采用砖砌体结构房屋的相关要求，如钢筋混凝土过梁要求、出屋面女儿墙要求、楼梯间及门厅内墙阳角处的大梁支承要求等。

6.3 施工要求

6.3.1 编制小砌块平、立面排块图是施工准备的一项重要工作，是保证小砌块墙体施工质量的重要技术措施。

混凝土制品强度达到 28 天以后趋于稳定，且自身收缩速度减缓，本条要求块材龄期必须达到 28 天以上方可使用。

普通混凝土小砌块具有吸水率小和吸水、失水速度迟缓的特点，一般情况下可不浇水。轻骨料混凝土小砌块的吸水、失水速度较普通混凝土小砌块快，应提前对其浇水湿润。

小砌块为薄壁、大孔且单个块体较大的建筑材料，单个块体如存在破损、开裂的质量缺陷，对砌体强度将产生不利影响。

6.3.2 震害调查表明，芯柱质量达不到要求，遭遇地震时，往往破坏严重，故本条对芯柱的施工质量提出明确的要求。

先砌墙后浇灌芯柱的施工顺序有利于芯柱与墙体的结合，施工过程中应切实遵守。

凡设置芯柱之处均应设清扫口，一是方便清扫孔洞底部撒落的杂物，二是便于上下芯柱钢筋的连接。

芯柱在楼盖处不贯通将会大大削弱芯柱的抗震作用，芯柱混凝土的浇筑质量对小砌块建筑的安全至关重要，本条提出芯柱的浇筑要求，以保证芯柱的质量。

6.3.3 先砌墙后浇筑构造柱的施工顺序有利于构造柱与墙体的结合，施工过程中应切实遵守。

为避免构造柱因混凝土收缩而导致柱墙脱开，小砌块墙体与构造柱之间应设置马牙槎，槎口尺寸为长 100 mm、高 200 mm，否则小砌块不易排列。

构造柱两侧模板与墙体表面的间隙是混凝土浇捣时漏浆的通道，易造成构造柱混凝土施工的质量问题，施工中，可在两侧模板与墙体接触处边缘，沿模板高度粘贴泡沫塑料条，以达到模板紧贴墙体的要求，堵塞混凝土浆水流出。

小砌块马牙槎较大，凹形槎口的腋部混凝土不易密实，故浇灌、振捣构造柱时要引起注意。

7 生土墙结构房屋

7.1 一般规定

7.1.1 因受材质的影响，其抗震能力较差，将生土墙房屋限制在 6 度区建单层。

7.1.2 由于材料混用，砖土界面结合处易开裂，房屋整体性与安全性均较差；独立土坯柱等承重形式由于延性及变形能力差，抗剪、抗压承载能力低，应禁止使用。

7.1.3、7.1.4 因生土墙受雨、水侵蚀影响较大，该两条明确了防止地表水和地下水的措施要求。

7.1.5 由于生土墙的抗震性能较差，较高的生土墙易倒塌造成严重的震害，因此，应控制墙体的高度。

7.1.6 生土墙房屋的横向地震力主要由横墙承担，限制抗震横墙间距，既保证了房屋横向抗震能力，也加强了纵墙的平面外刚度和稳定性。根据四川农村居住建筑的实际情况，对横墙间距进行了限制，过大无实际意义。

7.1.7 本条主要限制生土墙房屋过多地布置横墙间距较大的房间。

7.1.8 在四川农村中，大量的生土墙均为原始土料制作，其墙体性能极差。据有关资料报道，对生土墙土料采用消石灰粉和亚黏土拌制，配合比为 1∶9 或 1.5∶8 或 2∶8，其 28 天龄期的抗压强度为 1.1 MPa～1.2 MPa。生土墙土料采用消石灰粉、砂和黏土拌制，配合比为 2∶2∶8，其 30 天龄期的抗压强度为 1.6 MPa。可见，对生土墙土料作适当的要求，在一定程度上是能够提高生土墙性能的。所谓掺入适量的水拌合，即掺入水拌合的土料手握成团，落地即散，过量的水将增大墙体的收缩而导致更多的开裂。

本条没有要求掺入碎麦秸、稻草等拉结材料，主要是考虑在施工中这些拉结材料不易拌合均匀，而且易腐烂，对防止墙体开裂实际作用不大，反而成团的麦秸和稻草对墙体会造成隐患，如果需要在生土墙表面进行泥浆薄抹灰时，可在泥浆中加入适量的麦秸或稻草节，对抹灰层的抗裂有一定的效果。

7.1.9　《农村危房改造抗震安全基本要求（试行）》第 8.2.2 条规定，土坯的抗压强度不应小于 0.6 MPa，对土坯的抗压强度提出了量值要求。但在农村的实际操作中难以对土坯进行抗压强度的检验，因此，对土坯抗压强度质量保证主要在于材料及配比控制。当条件不具备时可采用对土坯碎块手捏有强度感，不易捏碎的经验来判断。

7.2　抗震构造措施

7.2.1　本条不推荐采用配筋砖圈梁，主要考虑的是配筋砖圈梁的高度一般为 4~6 线砖，需配置 2~3 线配筋砂浆层，施工层序多，质量难以控制，也不经济。

7.2.2　生土墙中设置挑梁应有足够的抗倾覆能力，当挑梁上的荷载越大，其埋置深度就应越长。

7.2.3　调查发现，受墙体材料自身性能的影响，墙体在外墙四角、纵横墙交接处容易出现通缝。增加竹筋、木条、荆条等拉结网，在一定程度上可以加强转角处和内外墙交接处墙体的连接，提高墙体的整体性。

7.2.4　调查发现，生土墙在长期压应力作用下洞口两侧墙体易向洞口鼓胀，在洞口边缘采取构造措施，可以约束墙体变形。民间夯土墙房屋建造时在洞边预加拉结材料，可以提高墙体的整体性。

7.2.5 生土墙的强度较低，宜采用木过梁。当一个洞口采用多根木杆组成过梁时，在木杆上表面采用木板、扒钉、铅丝等将各根木杆连接成整体可避免地震时局部破坏塌落。

7.3 施工要求

7.3.1 为了确保墙体的整体性和稳定性，对土坯墙的组砌提出了要求。每天砌筑高度的限制是防止刚砌好的墙体变形或倒塌。

7.3.2 试验表明，泥缝横平竖直不仅仅是为了墙体的美观，也关系到墙体的质量。水平泥缝过薄或过厚，都会降低墙体强度。

7.3.3 土坯墙体的转角处和交接处同时砌筑，对保证墙体整体性有很大作用。

7.3.4 泥浆的强度对土墙的受力性能有重要影响。在泥浆内掺入碎草，可以增强泥浆的黏结强度，提高墙体的抗震能力。泥浆存放时间过长时，对强度有不利影响。

7.3.7 竖向通缝严重影响墙体的整体性，不利于抗震。

7.3.8 刚刚夯筑的墙体抗压承载力较低，因此每日夯筑高度应适当控制。

8 石结构房屋

8.1 一般规定

8.1.1 调查表明，四川民族地区石结构较多，多为毛石，有少量料石；主要采用泥浆砌筑或干码甩浆，整体性差，遭遇地震破坏重，墙体基本没有抗震能力。

8.1.2 震害调查和石结构试验研究表明，多层石结构房屋地震破坏机理及特征与砖砌体房屋基本相似，其在地震中的破坏程度随房屋层数增多、高度的增大而加重。因此，基于石砌体材料的脆性性能和震害经验，应对房屋的层数、层高和厚度加以限制。同时，鉴于石材砌块的不规整性及不同施工方法的差异性，对石砌体房屋的层数和层高的限制相对砖砌体结构更为严格。

8.1.3 沿用《四川省农村居住建筑抗震设计技术导则（2008修订稿）》第 5.0.3 条。依据《建筑抗震鉴定标准》GB 50023-2009第 10.3.1 条，6 度、7 度时可建单层毛石墙体承重的房屋。根据四川地区的实际情况，并考虑施工质量的影响，对毛石砌体承重房屋层高和墙厚进行了限制。

8.1.4 石结构墙体在平面内的受剪承载力较大，而平面外的受弯承载力相对很低，横向地震作用主要由横墙承担，当房屋横墙间距较大，而木或圆孔板楼（屋）盖又没有足够的水平刚度传递水平地震作用时，一部分地震作用会转而由纵墙承担，纵墙就会产生平面外弯曲破坏。考虑四川的农房开间情况和标准的适用、方便性而没有详细区分。

8.1.5 房屋局部尺寸的限制，在于防止因这些部位的失效，而造成整栋结构的破坏甚至倒塌。本条考虑四川农村石结构房屋的实际情况和标准的适用、方便性而没有详细区分。

8.1.6 合理的抗震结构体系对于提高房屋整体抗震能力是非常重要的。震害调查表明，纵墙承重的砌体结构中，横墙间距较大，纵墙的横向支撑较少，易发生平面外的弯曲破坏，且横墙为非承重墙，抗剪承载能力较低，故房屋整体破坏程度较大，应优先采用整体性和空间刚度比较好的横墙承重或纵横墙共同承重的结构体系。

考虑到农村石结构的石材及砌筑砂浆质量、构造措施及施工质量等均难以保证，因此，对石结构房屋是不应采用二层纵墙外延的结构形式。

8.1.7 本条是对石结构房屋砌筑用石材规格和砂浆强度的具体规定。考虑到农房施工的实际情况，未对料石加工面的平整度作出规定。

8.1.8 当屋架或梁跨度较大时，梁端有较大的集中力作用在墙体上，设置壁柱除了可进一步增大承压面积，还可增加支承墙体在水平地震作用下的稳定性。

8.2 抗震构造措施

8.2.1 石砌体墙转角处及内外墙交接处是抗震薄弱的环节，刚度大、应力集中，地震破坏严重。调查表明，农村石结构房屋在转角处基本无有效拉结措施，墙体连接不可靠，往往7度时就出现破坏现象，8度区则破坏明显。在转角处加设水平拉结筋可以加强转角处和内外墙交接处墙体的连接，约束该部位墙体，可减轻地震时的破坏。

震害调查表明，突出屋面的楼梯间，地震中受到较大地震力，因此在构造上需要特别加强。

8.2.2 本条沿用《四川省农村居住建筑抗震设计技术导则（2008 修订稿）》第 5.0.8 条。

8.2.3 实际工程调查表明，不少农房虽然设有钢筋混凝土构造柱，但采用钢筋混凝土预制板作为楼屋盖板，墙体中部的构造柱位置楼屋盖未设现浇板带，最后导致：要不就构造柱钢筋在预制板处不连续，要不就因穿构造柱钢筋而局部损坏预制板。所以特别强调对墙体中部的构造柱位置应设置现浇板带。

8.2.4 震害调查表明，石结构每层设置圈梁，能够提高其抗震承载能力，减轻震害。与砖砌体结构相比，石墙体房屋圈梁的截面增大，配筋略有增加，是因为石墙体材料重量较大。在每开间及每道墙上均设置圈梁是为了增强墙体间的连接和整体性。

8.2.5 因石结构房屋整体性较差，荷载大，考虑到实际施工质量的影响，故仅采用钢筋混凝土过梁，未采用钢筋石过梁。

8.3　施工要求

8.3.1 为了保证石材与砂浆的黏结质量，避免泥垢、水锈等杂质对黏结的不利影响，要求砌筑前对砌筑石材表面进行清洁处理。

根据对砖砌体强度的试验研究，灰缝厚度对砌体的抗压强度具有一定的影响，相对而言，并不是厚度越厚或者越薄砌体强度就越高，而灰缝的厚度应在适宜的范围内。石砌体的灰缝厚度按本条规定进行控制，经多年实践是可行的，既便于施工操作，又能满足砌体强度和稳定性要求。

8.3.2 石砌体的抗震性能与砌筑方法有直接关系，本条从确保石砌体的整体性和承载力出发，对料石砌体的砌筑方法提出了一些基本要求，既有利于砌体均匀传力，又符合美观的要求。

8.3.3 毛石的规整性较料石差，本条是根据毛石的特点提出的砌筑要求。不恰当的砌筑方式会降低墙体的整体性和稳定性，影响墙体的承载力。

9 木结构房屋

9.1 一般规定

9.1.1 对四川省普通农房来讲，常见木结构建筑有穿斗木构架、木柱木构架、木柱木梁三种形式，围护墙体可以是砖、砌块、生土、石砌墙及板材、竹篱笆墙等。

穿斗木构架是指建造时檩条直接支承在柱上，檩条上布置椽条，屋面荷载直接由檩传至柱的一种结构形式（图 9.1.1-1）。穿斗式木构架中，纵横向木梁和木柱用扣榫结合起来形成空间构架，并且横梁端部用木销穿过防止脱榫，每榀屋架一般有 3～5 根柱。因此，房屋的连接构造和整体性较强，横向稳定性也较好。常用的是三柱落地或是五柱落地的两坡房屋。四川省有许多是两层或带有阁楼的穿斗式木构架房屋。

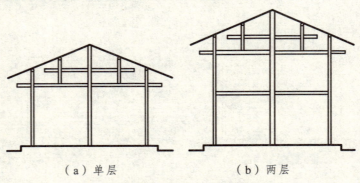

（a）单层　　　　　　　（b）两层

图 9.1.1-1　穿斗木构架示意

木柱木构架：屋架直接支承在纵墙两侧的木柱之上，屋架与木柱用穿榫连接，有的节点加扒钉或铁钉结合（图 9.1.1-2）。房屋比较高大、空旷，横向较弱。

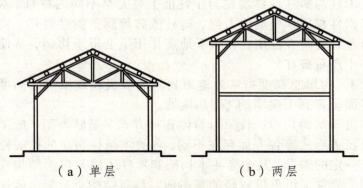

（a）单层　　　　　　　（b）两层

图 9.1.1-2　木柱木屋架示意

　　木柱木梁：该类型房屋在四川省甘孜州、阿坝州农村应用较多。根据屋面坡度大小，分为平顶式及坡顶式（图 9.1.1-3）。平顶式：一般做成强梁弱柱或大梁细柱，梁柱连接简单，屋顶一般铺设草泥或白灰焦渣，因此屋面重量较大；房屋矮小，屋顶坡度较小，没有高大且不稳定的山尖。坡顶式：与平顶式不同，坡顶式坡度相对较大，屋面铺瓦。

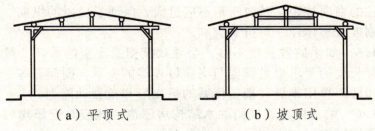

（a）平顶式　　　　　　　（b）坡顶式

图 9.1.1-3　木柱木梁示意

9.1.2　形状比较简单、规则的房屋，在地震作用下受力明确、简洁。震害经验也充分表明，简单、规整的房屋在遭遇地震时破坏也相对较轻。

　　木柱与砖柱或砖墙在力学性能上是完全不同的材料，木柱属于柔性材料，变形能力强，砖柱或砖墙属于脆性材料，变形能力差。若两者混用，在水平地震作用下变形不协调，将使房屋产生严重破坏。

9.1.3　房屋总高度指室外地面到屋面板板顶或檐口的高度，坡屋面应算到山尖墙的 1/2 高度处。

　　由于结构构造、骨架与墙体连接方式、基础类型、施工作法及屋盖形式等各方面存在不同，各类木结构房屋的抗震性能也有一定的差异。其中穿斗木构架和木柱木屋架房屋结构性能较好，通常采用重量较轻的瓦屋面，具有结构重量轻、延性较好及整体性较好的优点，因此抗震性能比木柱木梁房屋要好，6、7 度时可以建造两层房屋。木柱木梁房屋一般为重量较大的平屋盖泥被屋顶，通常为粗梁细柱，梁、柱之间连接简单，从震害调查结果看，其抗震性能低于穿斗木构架和木柱木屋架房屋，一般仅建单层房屋。

9.1.4　本条关于木结构房屋木柱的横向柱距、纵向间距的规定，考虑了农村居住建筑开间、进深的常见尺寸。木结构房屋木柱的横向柱距、纵向间距不应过大，保证了房屋的纵向、横向刚度及整体性，对抗震有利。

9.1.5　如果搁置长度不够，会导致搁栅或支座的破坏。最小搁置长度的要求也是搁栅与支座钉连接的要求。搁栅底撑、间撑和剪刀撑用来提高楼盖体系的抗变形和抗振动能力。

9.1.6　梁、柱布置规则的木结构房屋遭遇地震时变形均匀，抗震性能较好。

9.1.7　墙体砌筑在木柱外侧可以避免墙体向内倒塌伤人，且便于木柱的维护检查，预防木柱腐朽。

　　生土墙体防潮性能差，勒脚部位容易返潮或受雨水侵蚀而酥松剥落，削弱墙体截面并降低墙体的承载力，因此采取排水防潮、通风措施非常重要。

9.2 抗震构造措施

9.2.1 设置水平系杆、竖向交叉撑可以增强木构架平面外的纵向稳定性，提高木构架的整体刚度。

9.2.2 穿斗木构架柱间横向有穿枋联系，纵向有木龙骨和檩条联系，空间整体性较好，具有较好的变形能力和抗侧力能力。但纵向刚度相对差些，故要求在纵向设置竖向交叉撑或斜撑，以提高纵向稳定性。

9.2.3 由于木柱房屋在柱顶与屋架的连接处比较薄弱，因此，规定在地震区的木柱房屋中，应在屋架与木柱连接处加设斜撑并做好连接。

9.2.4 木梁与木柱间通常采用榫接，需要时节点可采用铁件局部加强，或双面扒钉钉牢。

9.2.5 穿斗木构架房屋在四川省内较常见，做法正规的穿斗木构架有较好的整体性和抗震性能。本条对穿斗木构架的构件设置和节点连接构造做出了具体的规定。在满足要求时，才能保证穿斗木构架的整体性和抗震性能。穿枋和木梁允许在柱中对接，主要是考虑对木料的有效利用，降低房屋造价，但必须在对接处用铁件连接牢固。限制立柱的开槽宽度和深度是为了避免立柱的截面削弱过多造成强度和刚度明显降低。

9.2.6 震害表明，木结构围护墙是非常容易破坏和倒塌的构件。木构架和砌体围护墙的质量、刚度有明显差异，自振特性不同，在地震作用下变形性能和产生的位移不一致，木构件的变形能力大于砌体围护墙，两者不能共同工作，甚至会相互碰撞，引起墙体开裂、错位，严重时倒塌。本条的目的是尽可能使围护墙在采取适当措施后不倒塌，以减轻人员伤亡和地震损失。

在围护墙内侧柱间设交叉撑或水平系梁，既保证围护墙不致向室内倒塌，又能增强木结构房屋刚度及整体性，对抗震有利。

由于木结构遭遇地震时变形较大，第二层围护墙应采用轻质墙体材料，并应与木柱、木梁可靠连接。

9.2.7 避免不同墙体材料混用，如底层围护墙为砖砌体或混凝土小砌块时，底层内隔墙的墙体应与围护墙材料相同，但其构造措施应满足承重墙的相关构造措施。由于生土墙或毛石墙的整体性差，抗震性能不好，避免地震时墙体损坏伤人，当底层围护墙为生土墙或毛石墙时，内墙应采用轻质隔墙。

9.2.8 震害表明，当木柱直接浮搁在柱脚石上时，地震时木柱的晃动易引起柱脚滑移，严重时木柱从柱脚石上滑落，引起木构架的塌落。因此应采用销键结合或榫结合加强木柱柱脚与柱脚石的连接，并且销键和榫的截面及设置深度应满足一定的要求，以免在地震作用较大时销键或榫断裂、拔出而失去作用。

9.3 施工要求

9.3.1 木柱有接头时，截面刚度不连续，在水平地震作用下受力（偏心受压状态）极为不利。当接头无法避免时，应满足接头处的强度和刚度不低于柱的其他部位的要求。这有利于经济状况较差的农户充分利用已有材料，降低房屋造价。

梁柱节点处是应力集中部位，连接部位不可避免地要在木柱中开槽，尤其对于穿斗木构架，穿枋也要在柱上开槽通过。柱截面削弱过大时，易因强度、刚度不足引起破坏，在实际震害中是常见的破坏形式。对木柱开槽位置和面积做出限制可以在一定程度上减轻或延缓薄弱部位的破坏。

9.3.2 保持木构件良好的通风条件，不直接接触土壤、混凝土、砖墙等，以免水或湿气侵入，是保证木构件耐久性的必要环境条件。本条各款是木结构防护构造措施的基本施工质量要求。

9.3.3 在四川省农村，旧房拆除的木料重新利用较多，但一些废旧木料已经产生较大变形、开裂、腐蚀、虫蛀或榫眼（孔）较多，仍在新建房屋中作为承重构件使用，存在一定安全隐患。

10 屋盖系统

10.1 一般规定

10.1.1 因各类农房的屋盖构造基本一致，为了减少重复，将屋盖系统单列成第 10 章进行统一规定，因木结构房屋的屋盖有其自身的特点，木屋盖的少量内容编写在第 9 章中。

10.1.2 屋盖整体性质量的好坏直接影响房屋的抗震性能，现浇钢筋混凝土板屋盖可避免预制构件生产环节、运输环节和安装施工等过程中的质量隐患。但预制构件具有减少房屋施工现场的湿作业和大量的支撑器材，也可加快施工进度等优点。因此，鉴于农村中的实际情况，本条规定，在确保产品质量和施工质量的情况下，可采用预制钢筋混凝土板屋盖。而且，8 度时宜优先采用现浇钢筋混凝土板屋盖；9 度时应采用现浇钢筋混凝土板屋盖。

10.1.3 本条按《四川省农村居住建筑抗震设计技术导则》（2008 年修订稿）第 4.0.6 条编写。提倡用双坡屋面，可降低山墙高度，增加其稳定性；单坡屋面的后纵墙过高，稳定性较差，平屋面防水有问题，不宜采用。

10.1.4 震害表明，木结构房屋无端屋架的山墙往往容易在地震中破坏，导致端开间垮塌。

10.1.5 调查发现，各地农房采用的屋架形式多样，大部分采用木料制作，有的木料、钢材混用，有的只有弦杆没有腹杆，差异较大，受力不可靠；遭遇地震时，屋架因无支撑、与原结构间无可靠连接而发生倒塌。因此，首先应保证屋架自身的质量安全性，其次应做好屋架与墙体圈梁、构造柱的连接。当为多榀屋架时，应在屋架之间设置竖向交叉撑，以保证屋架安装时的安全及地震时屋架之间可以协同工作。

10.1.6　震害调查表明，7度地震区硬山搁檩屋盖就会因檩条从山墙中拔出造成屋盖的局部破坏。因此超过7度不应采用硬山搁檩屋盖，7度及以下地区采用硬山搁檩屋盖时要采取措施加强檩条与山墙的连接，同时加强屋盖系统各构件的连接，提高屋盖的整体性和刚度，以减小屋盖在地震作用下的变形和位移，减轻山尖墙的破坏。

10.1.7　震害调查表明，瓦屋面坡度较大、遭遇较小地震时，容易造成滑瓦。

10.1.8　调查发现，草泥屋面因常年维修，会造成屋面厚度较大，"头重脚轻"，增加地震作用。

10.1.9　震害调查表明，遭遇地震时，农村房屋因屋盖构件支承长度不足导致屋盖构件塌落现象较多。因此，对屋盖支承长度提出要求，是保证屋盖与墙体连接以及屋盖构件之间连接的重要措施。

10.1.10　震害调查表明，木屋架、木梁浮搁在墙上时，水平地震作用下屋架或梁支承处产生位移，严重时会造成屋架或梁掉落导致屋面局部塌落破坏。增加螺栓连接或垫木加强屋盖构件与墙体的连接，增加垫木或垫块还可增大支承面积，有利于分散作用在墙体上的竖向压力。

　　由于生土墙体强度较低，抗压能力差，因此木屋架和木梁在外墙上的支承长度要求大于砖石墙体。

10.1.11　地震中坡屋面溜瓦是瓦屋面常见的破坏现象，冷摊瓦屋面的底瓦浮搁在椽条上时更容易发生溜瓦，掉落伤人。因此，本条要求冷摊瓦屋面的底瓦与椽条应有锚固措施。根据地震现场调查情况，宜在底瓦的弧边两角设置钉孔，采用铁钉与椽条钉牢。盖瓦可用石灰或水泥砂浆压垄等做法与底瓦黏结牢固。该项措施还可以防止暴风对冷摊屋面造成的破坏。四川汶川地震灾区恢复重建中已有平瓦预留了锚固钉孔。

10.2 抗震构造措施

10.2.1 震害调查表明，同时设有屋架和硬山的屋盖，当遭遇7度以上地震时，屋架变形较大，造成屋面拔檩、局部垮塌。加强屋盖系统各构件的连接，提高屋盖的整体性和刚度，以减小屋盖在地震作用下的变形和位移。

10.2.2 采用顺坡的斜向圈梁、水平圈梁、竖向支撑等措施加强屋盖系统各构件的连接，提高屋盖的整体性和刚度，确保地震作用下山尖墙的稳定性，防止局部倒塌。

10.2.3 调查发现，农房中的屋面兼作晒台，荷载较大；屋面未作保温隔热层。因此本条规定了最小厚度、抗裂钢筋的布置和支承长度等方面的要求。

10.2.4 因楼、屋盖预制板的构造要求是一样的，故明确屋盖预制板的构造要求按本规程第5.2.6条、第6.2.7条执行。

10.3 施工要求

10.3.1～10.3.4 对农房屋盖施工部分细节提出了具体的要求。